Iminophosphoranyl-thiophosphoranyl-methan als Ligand

in der Koordinationschemie der Lanthanoide und des Zinks

und

Polymerisationsstudien mit Erdalkalimetall-

borhydridkomplexen

Iminophosphoranyl-thiophosphoranyl-methan als Ligand in der Koordinationschemie der Lanthanoide und des Zinks und Polymerisationsstudien mit Erdalkalimetall-borhydridkomplexen

Zur Erlangung des akademischen Grades eines

DOKTORS DER NATURWISSENSCHAFTEN

(Dr. rer. nat.)

der Fakultät für Chemie und Biowissenschaften

des Karlsruher Instituts für Technologie (KIT) - Universitätsbereich

vorgelegte

DISSERTATION

von

M. Sc. Magdalena Kuzdrowska

aus Oppeln

Dekan: Prof. Dr. M. Bastmeyer

Referent: Prof. Dr. P. W. Roesky

Korreferent: Prof. Dr. C. Barner-Kowollik

Tag der mündlichen Prüfung: 19.10.2012

Bibliografische Information der Deutschen Nationalbibliothek

Die Deutsche Nationalbibliothek verzeichnet diese Publikation in der Deutschen Nationalbibliografie; detaillierte bibliografische Daten sind im Internet über http://dnb.d-nb.de abrufbar.

1. Aufl. - Göttingen : Cuvillier, 2013

Zugl.: Karlsruhe (KIT), Univ., Diss., 2012

978-3-95404-475-7

Die vorliegende Arbeit wurde von 2008 bis 2012 unter Anleitung von Prof. Dr. Peter W. Roesky am Karlsruher Institut für Technologie (KIT) – Universitätsbereich angefertigt.

Nonnenstieg 8, 37075 Göttingen

Telefon: 0551-54724-0

Telefax: 0551-54724-21

www.cuvillier.de

1. Auflage, 2013

Gedruckt auf umweltfreundlichem, säurefreiem Papier aus nachhaltiger Forstwirtschaft.

978-3-95404-475-7

Für meine Eltern.

Inhaltsverzeichnis

1 Einleitung

1.1 Lanthanoide

Zur Gruppe der Lanthanoide gehören die Metalle Lanthan und die 14 darauffolgenden Elemente von Cer bis zum Lutetium. Sie werden zusammen mit Scandium und Yttrium als Seltenerdmetalle bezeichnet und gehören dem 4f-Block des Periodensystems an. Die Bezeichnung der Seltenerdmetalle stammt noch aus der Zeit ihrer Entdeckung und kommt daher, dass diese Elemente zuerst in seltenen Mineralien aufgefunden und aus diesen in Form von Oxiden isoliert wurden. Nach heutigem Wissensstand sind die Seltenerdmetalle entgegen ihrem Namen gar nicht so selten.[1] Selbst Europium, das seltenste stabile Lanthanoid tritt fast so häufig wie Silber und sogar häufiger als Gold oder Platin auf. Lanthanoide weisen des Weiteren ein großes Spektrum an Anwendungsmöglichkeiten auf und sind im alltäglichen Leben ständig anzutreffen,[2] unter anderem werden Lanthanoide zur Herstellung von Leuchtfarbstoffen für Mobiltelefone und TFT-Bildschirme verwendet. So fungieren Europium- und Terbiumverbindungen als Aktivator der roten bzw. der grünen Leuchtstoffe. Ferner ist Neodym in Permanentmagneten oder im Handel befindlichem Neophan-Glas, das seine Anwendung in Sonnenbrillen als Blendschutzglas findet, vorhanden. Ein weiteres Hauptanwendungsbeispiel ist die Herstellung niedriglegierter Stähle zur Blech- und Rohrverarbeitung. Bereits bei einem geringen Zusatz von Ln/La wird die Festigkeit des Stahls enorm erhöht.[2a]

Die Lanthanoide sind sich in ihren chemischen Eigenschaften sehr ähnlich. Diese Ähnlichkeit ist auf die Elektronenkonfiguration der jeweiligen Elemente zurückzuführen. Alle Lanthanoide besitzen zwei s-Elektronen in der äußersten 6. Schale, während die zweitäußerste 5. Schale zwei s-, sechs p- und keine d-Elektronen aufweist. Cer, Gadolinium und Lutetium bilden in dieser Hinsicht die Ausnahme. Da die 6s-, 5d- und 4f-Orbitale über sehr ähnliche Energien verfügen, verläuft ihre Auffüllung unregelmäßig.[3] Die halbgefüllten ($4f^7$) und die vollkommen besetzten ($4f^{14}$) Orbitale sind begünstigt. Die Elektronenkonfiguration der Lanthanoide und der dreiwertigen Kationen sind in Tabelle 1 dargestellt.

Tabelle 1: Elektronenkonfiguration der Lanthanoide.

Z	Elementname	Elementsymbol	Elektronenkonfiguration Ln	Ln³⁺
57	Lanthan	La	$[Xe]4f^05d^16s^2$	$[Xe]f^0$
58	Cer	Ce	$[Xe]4f^15d^16s^2$	$[Xe]4f^1$
59	Praseodym	Pr	$[Xe]4f^36s^2$	$[Xe]4f^2$
60	Neodym	Nd	$[Xe]4f^46s^2$	$[Xe]4f^3$
61	Promethium	Pm	$[Xe]4f^56s^2$	$[Xe]4f^4$
62	Samarium	Sm	$[Xe]4f^66s^2$	$[Xe]4f^5$
63	Europium	Eu	$[Xe]4f^76s^2$	$[Xe]4f^6$
64	Gadolinium	Gd	$[Xe]4f^75d^16s^2$	$[Xe]4f^7$
65	Terbium	Tb	$[Xe]4f^96s^2$	$[Xe]4f^8$
66	Dysprosium	Dy	$[Xe]4f^{10}6s^2$	$[Xe]4f^9$
67	Holmium	Ho	$[Xe]4f^{11}6s^2$	$[Xe]4f^{10}$
68	Erbium	Er	$[Xe]4f^{12}6s^2$	$[Xe]4f^{11}$
69	Thulium	Tm	$[Xe]4f^{13}6s^2$	$[Xe]4f^{12}$
70	Ytterbium	Yb	$[Xe]4f^{14}6s^2$	$[Xe]4f^{13}$
71	Lutetium	Lu	$[Xe]4f^{14}5d^16s^2$	$[Xe]4f^{14}$

Lanthanoide treten bevorzugt dreiwertig auf, was die Zusammengehörigkeit mit den Elementen der III. Nebengruppe unterstreicht. Die dreiwertigen Lanthanoidkationen weisen die Elektronenkonfiguration $[Xe]4f^n$ auf (Tabelle 1). Die mit steigender Ordnungszahl neu hinzu kommenden Elektronen werden in der drittäußersten 4. Schale aufgefüllt. Dabei werden die 4f-Orbitale wegen ihrer geringen radialen Ausdehnung im Inneren der Ionen durch 5s- und 5p-Orbitale gegen äußere Einflüsse abgeschirmt und beeinflussen somit kaum die chemischen Eigenschaften.[1],[4] Die von Lanthan bis Lutetium steigende Kernladungszahl wird durch die 4f-Elektronen nur unzureichend abgeschirmt. Auf diese Weise werden die außen liegenden $5s^2$- und $5p^6$-Elektronen besonders stark vom Kern angezogen, sodass der Ionenradius bei steigender Kernladung mit höherer Ordnungszahl abnimmt. Dieses Phänomen wird als Lanthanoidenkontraktion bezeichnet.[5] Andere Oxidationsstufen sind nur für Eu, Sm und Yb (+2) sowie für Ce (+4) relativ einfach erreichbar. Darüber hinaus sind äußerst wenige weitere zwei- und vierwertige Lanthanoidverbindungen publiziert.[6]

1954 wurden die ersten Organolanthanoid-Verbindungen ($LnCp_3$ mit Ln = Ce, Pr, Nd, Sm, Gd; Cp = C_5H_5) von Wilkinson *et al.* erfolgreich synthetisiert.[7] Trotzdem wird erst seit ungefähr 30 Jahren intensiv auf dem Gebiet der metallorganischen Verbindungen der 4f-Elemente geforscht. Die Bindungen zwischen den 4f-Elementen und dem Kohlenstoffatom sind im Sinne der Formulierung $Ln^{\delta+}C^{\delta-}$ überwiegend ionisch.[1] Die organischen Lanthanoid-Verbindungen sind extrem wasser- und luftempfindlich und neigen wegen ihrer hohen Lewis-Acidität zur Adduktbildung. Aus diesem Grund erfolgt das Arbeiten und die Handhabung unter strengem Feuchtigkeits- und Luftausschluss. Organolanthanoid-Verbindungen können erfolgreich in zahlreichen organischen Synthesen als Katalysatoren eingesetzt werden. So können organische Transformationen wie z.B. Polymerisationen[8], Hydroaminierung[9], Hydroborierung[10] und Hydrosilylierung[11] mittels Lanthanoidorganylen katalysiert werden.

Während diese Systeme zunächst auf Metallocenen- bzw. ansa-Metallocenen basierten, bestand in den letzten 20 Jahren das Bestreben sogenannte Postmetallocen-Verbindungen zu entwickeln. In diesen Systemen werden überwiegend Liganden mit Amido- oder Alkoxy-Funktionen zur Stabilisierung der Metallkomplexe eingesetzt. Diese bieten gegenüber den Cp-Liganden den Vorteil, dass sie bezüglich ihrer sterischen und elektronischen Eigenschaften vielfältiger modifiziert werden können. In unserer Arbeitsgruppe konnten bereits verschiedene Postmetallocen-Verbindungen der Lanthanoide synthetisiert und auf ihre katalytischen Eigenschaften untersucht werden (Schema 1).

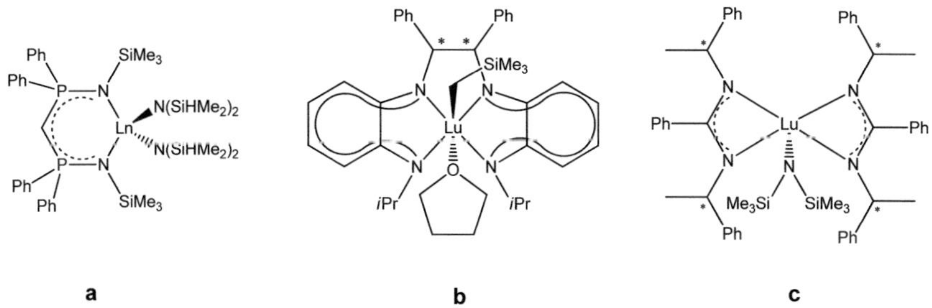

Schema 1: Beispiele von Katalysatoren der Postmetallocenen der Lanthanoide (**a**, **b** und **c**).

Es handelt sich bei Verbindung **a** um $[\{(Me_3SiNPPh_2]_2CH\}La\{(N(SiHMe_2)_2\}_2]$, welche als Katalysator in der sequentiellen Hydroaminierung/Hydrosilylierung erfolgreich eingesetzt werden konnte.[11a] Verbindung **b** stellt einen chiralen Bisaminotroponiminat-Komplex dar, der sich in der Hydroaminierung als aktiv erwies, jedoch nur geringe Enantiomerenüberschüsse lieferte.[12] Die chirale Bisamidinat-Verbindung **c** $[\{(S)\text{-PEBA}\}_2Lu\{N[SiMe_3)_2\}]$ (PEBA = N,N´-Bis(1-phenylethyl)benzamidinat) wiederum erwies sich als aktiver Katalysator für die asymmetrische Hydroaminierung.[9a]

1.2 Zink

Zink bildet zusammen mit Cadmium und Quecksilber die II. Nebengruppe und weist auf Grund seiner Elektronenkonfiguration $[Ar]3d^{10}4s^2$ große Ähnlichkeiten mit den Erdalkalimetallen auf.[3] Es ist in der Natur nur gebunden vorzufinden und liegt ausschließlich in der Oxidationsstufe +II vor. Die häufigsten natürlichen Vorkommen des Zinks sind die Zinkblende (ZnS), der Zinkspat ($ZnCO_3$) und das Kieselzinkerz $Zn_4(OH)_2[Si_2O_7]\cdot H_2O$. Zwar konnte bereits im 13. Jahrhundert elementares Zink durch Reduktion von ZnO mit Holzkohle gewonnen werden und auch im Altertum erfolgte schon die Herstellung von Messing aus Cu/Zn-Erzmischungen, doch als Element wurde Zink erst 1746 erkannt.[1] Wegen der vollbesetzten 3d-Orbitale treten in Komplexverbindungen des Zinks keine Ligandenfeldstabilisierungseffekte auf. Die Koordinationschemie des Zinks wird insbesondere durch kovalente Bindungskräfte bestimmt. Zusätzlich ist das Koordinationsverhalten von elektrostatischen Wechselwirkungen geprägt, weshalb es eine große Flexibilität bezüglich Koordinationszahlen und -mustern aufweist.[13] Im Allgemeinen ist das chemische Verhalten der Zinkkomplexe mit dem des Magnesiums vergleichbar. Zn^{2+} ist als Lewis-Säure jedoch wesentlich weicher als Mg^{2+} und bildet sowohl mit harten als auch mit weichen Basen stabile Komplexe.[14]

Außerdem ist Zink besonders für Menschen, Tiere, Pflanzen und Mikroorganismen essentiell. Ein Mangel an Zink kann unter anderem zu Wachstumsstörungen, zu Veränderungen an Haut und Knochenbau und zu unterschiedlichen Störungen des Immunsystems führen.[15] Es ist ein bedeutungsvoller Bestandteil von über 200 Enzymen des menschlichen Körpers und beispielsweise in Transferasen, Hydrolasen und Ligasen zu finden.[16] Zinkkomplexe weisen eine Vielzahl an Anwendungsmöglichkeiten auf und sind daher von großem Interesse. Es wurden zahlreiche Koordinationsverbindungen des Zinks synthetisiert und auf ihre katalytischen Fähigkeiten hin untersucht.[17] Diethylzink, das erste Zinkorganyl, wurde 1849 von Frankland mittels einer Direktsynthese erfolgreich dargestellt und war damit die erste metallorganische Verbindung überhaupt.[17c] Bis dato werden Zinkorganyle durch die Direktsynthese aus organischen Halogenverbindungen und elementarem Zink synthetisiert. Des Weiteren sind Zinkorganyle über Salzmetathesen ausgehend von Zinkhalogeniden und Grignard-Reagenzien zugänglich (Schema 2).[18]

$$2\,Zn + 2\,RX \xrightarrow{\Delta} ZnR_2 + ZnX_2$$

$$ZnX_2 + 2\,RMgX \xrightarrow{\Delta} ZnR_2 + 2\,MgX_2$$

$$2\,ZnX_2 + RLi \xrightarrow{\Delta} ZnR_2 + 2\,LiCl$$

Schema 2: Synthesemöglichkeiten von Zinkorganylen (X = Cl, Br, I; R = Me, Et, Ph).

Zinkorganyle stellen farblose, in organischen Medien gut lösliche, unpolare Flüssigkeiten oder niedrigschmelzende Feststoffe dar. Sie gelten als thermostabil und lichtbeständig, entzünden sich zum Teil von selbst an Luft und reagieren explosiv mit Wasser. So muss beim Umgang mit ihnen, das Arbeiten und die Handhabung unter inerten Bedingungen durchgeführt werden.

Durch das breite Spektrum an Anwendungsmöglichkeiten von Zinkorganylen besteht ein großes Interesse, Zinkkomplexe darzustellen. Sie können erfolgreich in vielen organischen Synthesen als Katalysatoren eingesetzt werden. Bisher konnte z.B. eine Vielzahl an Katalysatoren auf Zinkbasis für Copolymerisationsreaktionen synthetisiert werden.[19] Bereits 1998 wurde durch Coates *et al.* über einen ß-Diketiminat-Komplex berichtet, der CO_2 und Epoxide zu Polycarbonaten polymerisiert (Schema 3).[20]

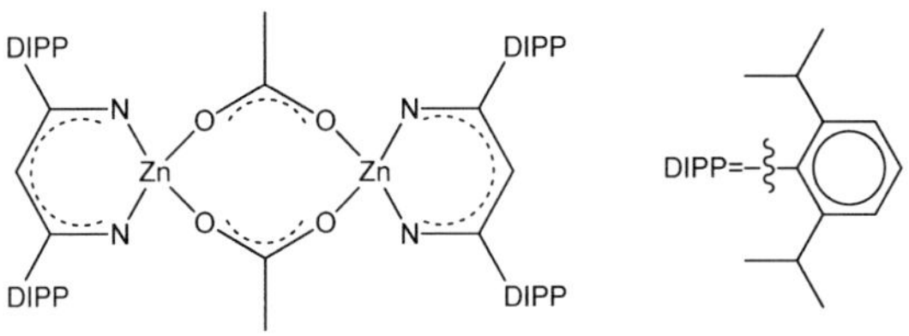

Schema 3: Struktur des ß-Diketiminat-Komplexes.

Des Weiteren weisen Zinkorganyl-Verbindungen eine hohe Aktivität in der homogen katalysierten Hydroaminierung auf.[21] In Zusammenarbeit mit der Arbeitsgruppe Blechert an der

Technischen Universität Berlin konnten in unserer Arbeitsgruppe Aminotroponiminat-Zink-Komplexe dargestellt und auf ihre katalytischen Eigenschaften in der Hydroaminierung untersucht werden (Schema 4).[22]

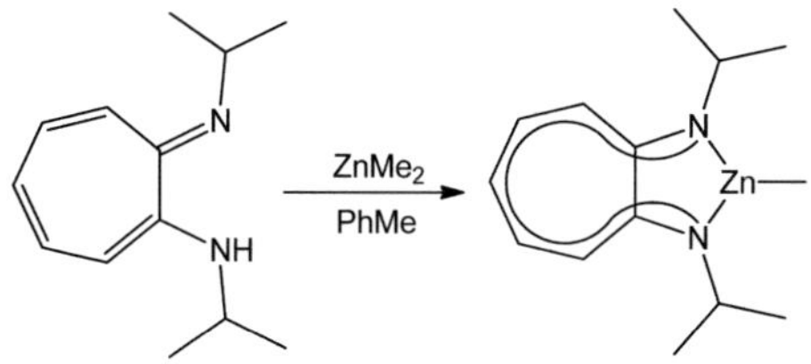

Schema 4: Synthese des Aminotroponiminat-Zink-Komplexes.

Zudem ist es in unserer Arbeitsgruppe vor kurzem gelungen, auch die subvalente Zinkspezies Decamethyldizinkocen (Cp*Zn-ZnCp*) als Katalysator erfolgreich in der Hydroaminierung einzusetzen.[23]

1.3 Iminophosphoranyl-thiophosphoranyl-methan als Ligand

Seit einigen Jahrzehnten beschäftigen sich viele Arbeitsgruppen intensiv mit monoanionischen Diphosphor P-N-Verbindungen. Sie gelten wie z.B. das Bis(iminophosphoranyl)methan $(Me_3SiNPPh_2)_2CH_2$ als potentielle Vorstufen zu stabilen Metallkomplexen.[24]

Die Methylenwasserstoffatome von $(Me_3SiNPPh_2)_2CH_2$ weisen einen aziden Charakter auf, sodass mittels Deprotonierung des Neutralliganden die monoanionischen Verbindungen erhalten werden können. Beide Liganden fanden bereits in der Haupt- und Nebengruppenchemie Anwendung (Schema 5).[24g, 25]

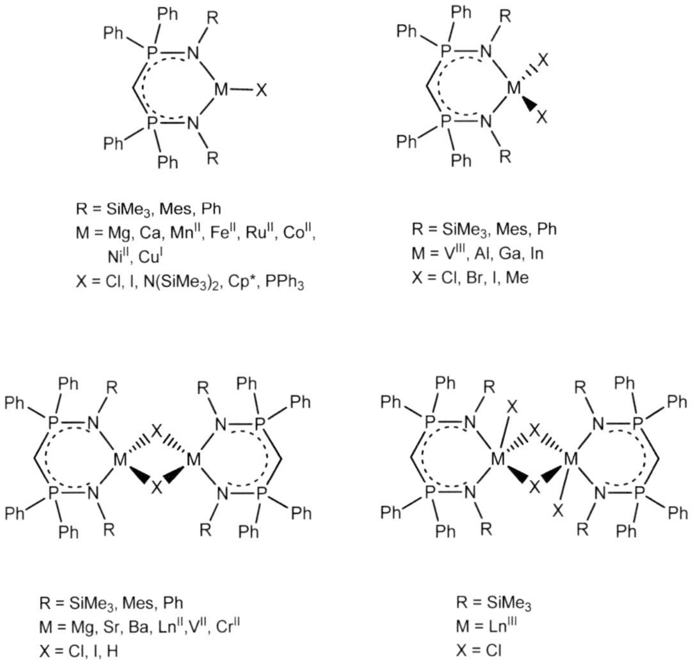

Schema 5: Auswahl an monoanionischen P-N-Verbindungen des Bis(iminophosphoranyl)methans ohne Berücksichtigung zusätzlicher Lösungsmitteldonoren.

In den vergangenen 15 Jahren wurde das Bis(iminophosphoranyl)methan außerdem intensiv in der Seltenerdmetallchemie bezüglich des Koordinationsverhaltens und der Reaktivität des $\{(Me_3SiNPPh_2)_2CH\}^-$-Liganden untersucht.[11a, 24g, 26] So konnte nach intensiver Forschung eine Vielzahl an Lanthanoid-Komplexen des monoanionischen Bis(iminophosphoranyl)methanid-Liganden erhalten werden. Diese erwiesen sich als katalytisch aktiv und sind daher von großem Interesse. Solche katalytisch aktiven Spezies werden meist über eine Salzmetathesereaktion mit dem korrespondierenden Kaliumsalz $[K\{CH(PPh_2NSiMe_3)_2\}]$ dargestellt. Das Kaliumsalz wird wiederum über eine Metallierung durch Deprotonierung des Neutralliganden mit Kaliumhydrid synthetisiert.[27] Die anschließende Umsetzung des Kaliumsalzes mit wasserfreien Lanthanoidtrichloriden führt zu den entsprechenden $\{(Me_3SiNPPh_2)_2CH\}^-$-Komplexen. Die nachfolgenden Syntheseschritte und Derivate sollten je nach Bedarf eines Katalysatorsystems orientiert sein. Als Beispiel ist im folgenden die Synthese von $[\{(Me_3SiNPPh_2)_2CH\}Ln\{N(SiHMe_2)_2\}_2]$ dargestellt (Schema 6).[11a]

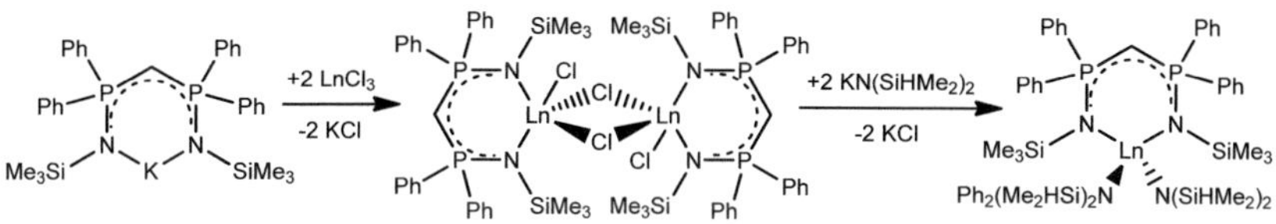

Schema 6: Synthese von Lanthanoid-Komplexen ausgehend vom Kaliumsalz des Bis(phosphinimino)methan-Liganden.

Das Bis(diphenylthiophosphoranyl)methan $(SPPh_2)_2CH_2$ weist im Gegensatz zum Bis(iminophosphoranyl)methan-Liganden anstelle des harten Stickstoffatoms der $NSiMe_3$-Gruppen weichen Schwefelatom auf und fungiert ebenfalls nach Metallierung als Transferreagenz. So wurde nach Umsetzung des lithiierten Bis(diphenylthiophos-phoranyl)methandiids mit $[PdCl_2(PPh_3)_2]$ mittels Salzmetathese $[(Ph_3P)Pd{=}C(PPh_2{=}S)_2]$ dargestellt (Schema 7).[28]

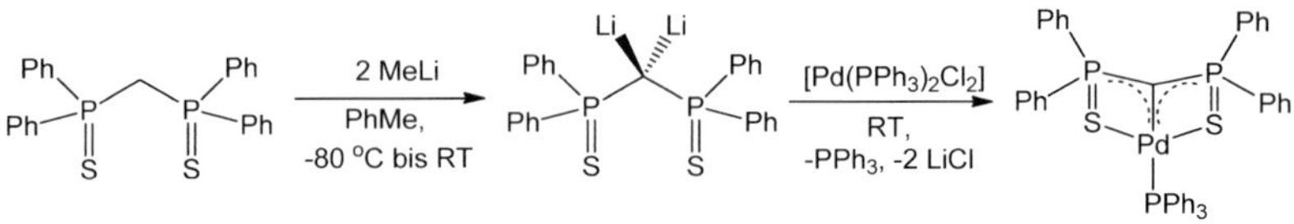

Schema 7: Synthese von $[(Ph_3P)Pd{=}C(PPh_2{=}S)_2]$.

Zwar sind in der Lanthanoidchemie keine Komplexe mit Bis(diphenylthiophosphoranyl)-methan bekannt, jedoch wurden von Ibers *et al.* ähnliche Verbindungen mit Bis(diphenyl-thiophosphoranyl)amin-Liganden $(SPPh_2)_2NH$ beschrieben.[29] Der Unterschied zwischen den Liganden besteht darin, dass das Ligandenrückgrat anstelle einer Methyleneinheit eine Aminfunktion aufweist (Schema 8).

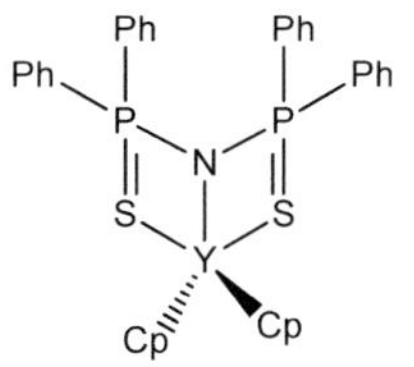

Schema 8: Struktur des $[Cp^*{}_2Y\{SPPh_2)_2]$.

Le Floch *et al.* beschreiben zudem die Synthese und Struktur von Phosphinphosphoranyliminen, welche sich aus mindestens zwei verschiedenen Donoratomen mit unterschiedlich ausgeprägter Lewis-Base-Stärke zusammensetzen.[30] Dadurch inspiriert und basierend auf den bisher erlangten Ergebnissen mit dem des Bis(iminophosphoranyl)-methan-Liganden ist das Interesse einer Modifikation dieses in unserem Arbeitskreis etablierten Ligandensystems geweckt worden. Die Umsetzung des Phosphinphosphoranylimins $Ph_2PCH_2(PPh_2{=}NSiMe_3)$ mit elementarem Schwefel führt zum Iminophosphoranyl-thiophosphoranyl-methan $CH_2(PPh_2{=}NSiMe_3)(PPh_2{=}S)$ (**1**) und stellt ein neues Ligandensystem mit verschiedenen Donoratomen dar, die über zwei ungleich ausgeprägte Lewis-Basizitäten verfügen (Schema 9).[31]

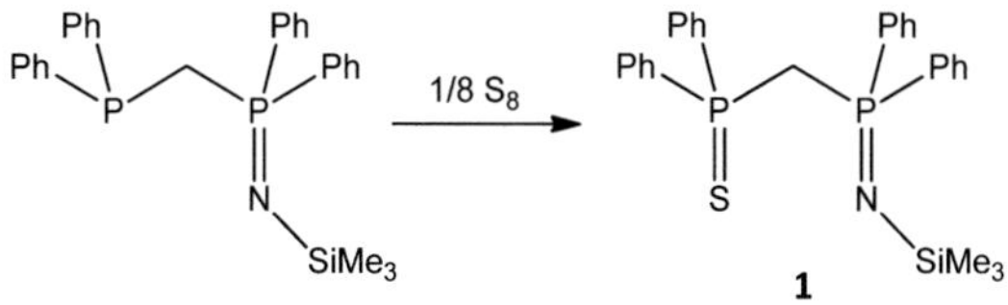

1

Schema 9: Synthese des Iminophosphoranyl-thiophosphoranyl-methan-Liganden.

Da das Forschungsfeld des Iminophosphoranyl-thiophosphoranyl-methan-Liganden erst am Anfang steht, konnten bisher nur wenige Folgeverbindungen erhalten werden.[32] Inwiefern die unterschiedlichen Eigenschaften der verschiedenen Donoratome in der Koordinationschemie der Lanthanoide und des Zinks im Vergleich zu dem in unserem Arbeitskreis etablierten und vorgestellten Bis(iminophosphoranyl)methanid-Liganden eine Rolle spielen, sind von großem Interesse und eröffnen einen neuen Forschungsbereich.

1.4 Borhydridkomplexe in der Polymerisation

In der Chemie werden Polyester und Polycarbonate von heterozyklischen Monomeren, wie Lactonen, Dilactonen und Carbonaten zunehmend für umweltfreundliche Anwendungen eingesetzt. Dabei werden sie z.B. für wiederverwertbare, bioabbaubare Werkstoffe und Textilien sowie in der Medizin genutzt.[33] Eine große Bandbreite von Initiatoren, die sowohl auf Hauptgruppen- als auch auf d- und f-Blockverbindungen basieren, wurden bereits dargestellt und erfolgreich in der ringöffnenden Polymerisation (ROP) verwendet.[26d, 33e-i] Initiatoren wie z.B. Metallocene und kürzlich auch Postmetallocene ermöglichen eine äußerst gute Kontrolle über die Stereo-, Regio- und Enantioselektivität, begrenzen Nebenreaktionen und zeigen zusätzlich eine hohe Aktivität.[34] In der Seltenerdchemie sind bisher Alkoxid- und Aryloxid-Initiatoren am weitesten verbreitet. Ebenfalls haben sich die Seltenerdmetallborhydride als effiziente Katalysatoren für die Polymerisation von unpolaren und polaren Monomeren erwiesen. Diese konnten mit unterschiedlichen Ligandensystemen wie z.B. Cyclopentadien, Alkoxiden und Guanidinaten für katalytische Anwendungen genutzt werden.[8b, 35] Bestimmte Seltenerdverbindungen sind ausgehend vom Borhydridprecursor leichter zu erhalten, als von den entsprechenden Halogeniden oder Alkoxidanaloga. Diese neigen eher zur Bildung von at-Komplexen oder aggregiert und verbrückten Verbindungen, die zumeist schlechte Löslichkeiten aufweisen.[26c, 36]

In unserer Arbeitsgruppe ist die Darstellung der Bisborhydrid-Komplexe [{$(PPh_2NSiMe_3)_2CH$}$La(BH_4)_2(thf)$] und [{$(PPh_2NSiMe_3)_2CH$}$Ln(BH_4)_2$] (Ln = Y, Lu) gelungen (Schema 10).[26c]

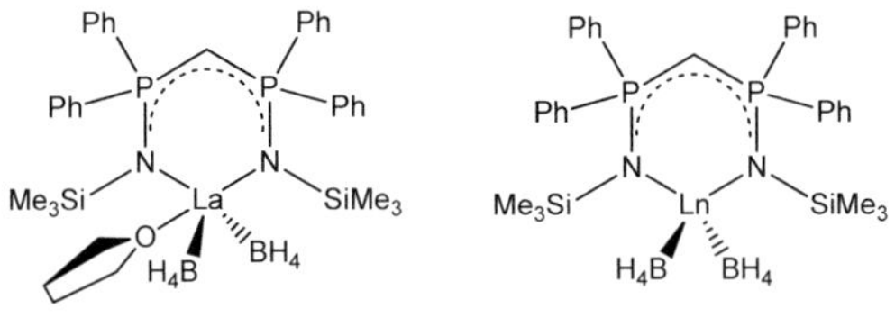

Schema 10: Strukturen von [{$CH(PPh_2NSiMe_3)_2$}$La(BH_4)_2(thf)$] und [{$CH(PPh_2NSiMe_3)_2$}$Ln(BH_4)_2$] (Ln = Y, Lu).

Sowohl der Lanthan- als auch der Lutetium-Komplex können aus [$Ln(BH_4)_3(thf)_3$] und [$K\{CH(PPh_2NSiMe_3)_2\}$] dargestellt werden. Der Yttriumkomplex wird dagegen aus *in situ* dargestelltem [$\{CH(PPh_2NSiMe_3)_2\}YCl_2]_2$ und $NaBH_4$ synthetisiert. Die ROP von ε-Caprolacton konnte erfolgreich mit den Komplexen [$\{(PPh_2NSiMe_3)_2CH\}Y(BH_4)_2(thf)$] und [$\{(PPh_2NSiMe_3)_2$-$CH\}Ln(BH_4)_2$] (Ln = La, Lu) als Initiatoren durchgeführt werden (Schema 11). Dabei ist es gelungen, enge Molmassenverteilungen mit M_w/M_n = 1.06 – 1.11 zu erreichen. Diese erfolgreichen Untersuchungen demonstrieren die Fähigkeit dieser Bisborhydridkomplexe von Lanthanoiden der Oxidationsstufe +III als Initiatoren für Polymerisationen zu fungieren.

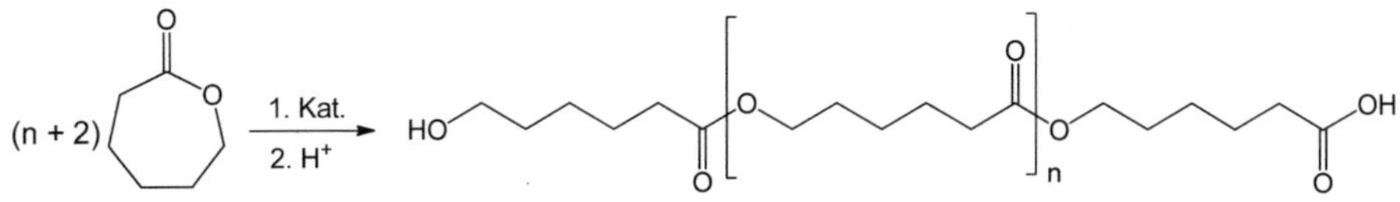

Schema 11: Polymerisation von *ε*-Caprolacton zum α,ω-dihydroxytelechelem Polymer.

Des Weiteren ist auch erstmals mit der Synthese von [$\{(PPh_2NSiMe_3)_2CH\}Ln(BH_4)(thf)_2$] (Ln = Sm, Eu, Yb) gelungen, analoge Borhydridkomplexe von Lanthanoiden der Oxidationsstufe +II darzustellen.[37] Am Beispiel von [$Sm(BH_4)_2(thf)_2$] und [$Cp^*Sm(BH_4)(thf)_2]_2$ konnte gezeigt werden, dass sich Komplexe der zweiwertigen Lanthanoide ebenfalls als Initiator für die ROP von ε-Caprolacton eignen.[38] Zweiwertige Lanthanoide weisen eine große Ähnlichkeit zu den Erdalkalimetallen auf und verfügen über vergleichbare chemische Eigenschaften. Die Ionenradien von Ca und Yb sowie Sr und Eu bzw. Sm sind nahezu gleich, woraus sich ein ähnliches Koordinationsverhalten ergibt. Da die Erdalkalimetalle wesentlich kostengünstiger zu erwerben sind, ist es daher von großem Interesse, die analogen Erdalkaliborhydridkomplexe auf ihre katalytischen Eigenschaften zu untersuchen.

1.5 Hydroaminierung

Stickstoffverbindungen, wie Amine und ihre Derivate sind eine wichtige Verbindungsklasse. Sie werden z.B. in der Industrie in Form von medizinischen Wirkstoffen, chiralen Zwischenstufen und Grundchemikalien eingesetzt und somit ist ihre Darstellung von großem Interesse.[39] Die Hydroaminierung gilt hierbei als eine besonders ökologische und ökonomische Möglichkeit, diese zu synthetisieren. So kann auf die übliche Darstellung über eine Mehrstufensynthese, bei der teure Edukte verwendet werden und große Mengen an Abfall- und Nebenprodukten anfallen, verzichtet werden.[40] Da die auf Lanthanoiden basierenden Katalysatoren als besonders effizient gelten und eine sehr hohe Aktivität in der intramolekularen Hydroaminierung zeigen, sind diese von großem Interesse.[9c, 9d]

Die Hydroaminierung ist die formale Addition eines Amins an eine C-C-Mehrfachbindung und dient zur Darstellung von Aminen. Dabei wird zwischen der intramolekularen und der intermolekularen Hydroaminierung unterschieden, welche in der folgenden Abbildung anhand von Alkenen dargestellt sind (Schema 12). Es können bei der intermolekularen Hydroaminierung sowohl das Markownikow- als auch das Anti-Markownikow-Produkt selektiv erhalten werden.

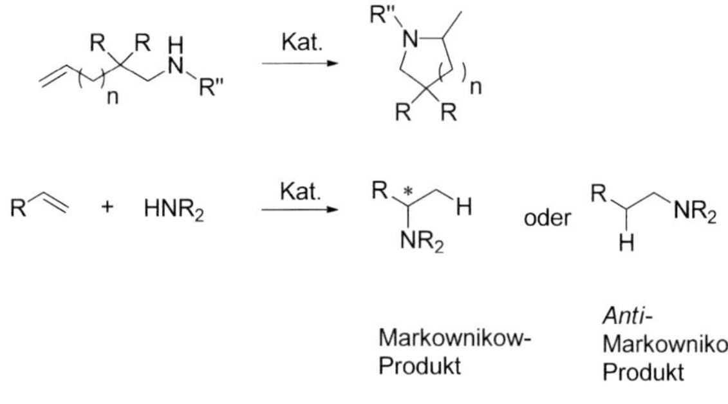

Schema 12: Intra- und Intermolekulare Hydroaminierung von Alkenen.

Organolanthanoid-Verbindungen katalysieren die intramolekulare Hydroaminierung effizient. Auf diese Weise konnten zyklische Amine innerhalb von kurzer Zeit und in hohen Ausbeuten dargestellt werden. Somit war ein großes Interesse in der Forschung an der Synthese von neuen Metallkomplexen, die als Katalysatoren für die Hydroaminierung fungieren können, geweckt.[39b] Das Metallzentrum muss hierbei mindestens eine freie Koordinationsstelle bieten können. Die Lanthanoid-basierten Katalysatoren wiesen in der intramolekularen Hydroaminierung eine besonders hohe Aktivität auf. Der für Lanthanoidverbindungen mittlerweile etablierte Mechanismus der intramolekularen Hydroaminierung ist im folgenden Schema exemplarisch anhand von $[(\eta^5\text{-}C_5Me_5)_2Ln\text{-}R]$ gezeigt (Schema 13).[41] Bei dem funktionalisierten Cyclopentadienyl-Liganden handelt es sich um einen klassischen anionischen Liganden, welcher hier exemplarisch die Rolle eines Zuschauerliganden übernimmt und keinen weiteren Einfluss während der Hydroaminierung ausübt. Er könnte z.B. durch Amidinate,[42] Aminotroponiminate,[43] ß-Diketiminate[44] oder Bis(iminophosphoranyl)-methanide[45] ersetzt werden. R fungiert hierbei als Abgangsgruppe und bietet nach Abspaltung die notwendige freie Koordinationsstelle während der Hydroaminierung. Als Abgangsgruppe können z.B. Trimethylsilylmethanid ($-CH_2SiMe_3$) oder Bistrimethylsilyamid $(N(SiMe_3)_2)^-$ dienen.

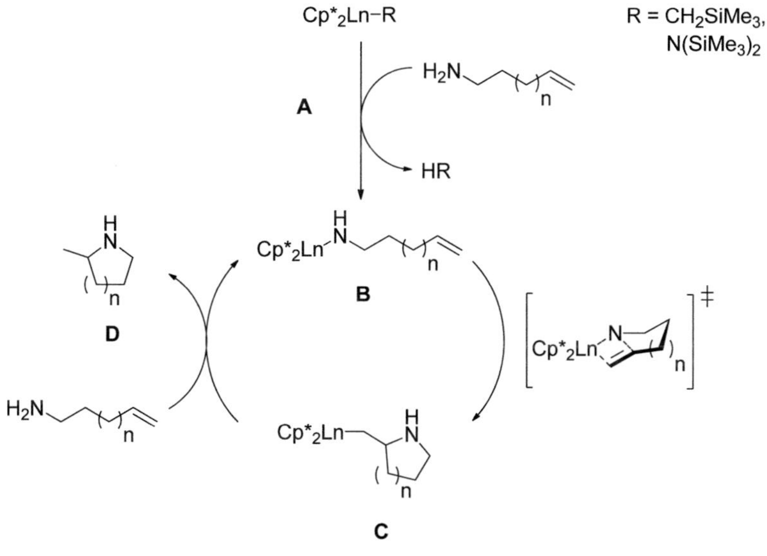

Schema 13: Mechanismus der Lanthanoid-katalysierten intramolekularen Hydroaminierung.

Im ersten Schritt **A** wird der Präkatalysator durch ein Aminoalken protolysiert und ein Amido-Komplex **B** entsteht. Durch die anschließende Bildung eines viergliedrigen Übergangszustandes mit folgender intramolekularer Insertion des Alkens in die Ln-N-Bindung wird die Alkylmetallspezies **C** erhalten. Die darauffolgende Aminolyse der Ln-C-Bindung durch die Zugabe eines weiteren Aminoalkens führt zur Freisetzung des heterozyklischen Produktes **D** und zur gleichzeitigen Rückbildung des Amido-Komplexes **B**. Der Zyklus beginnt erneut.[41]

Neben Lanthanoiden vermag auch Zink, wie im Kapitel 1.2 erwähnt, die Hydroaminierung zu katalysieren. Im Gegensatz zu den Lanthanoiden wurde erst kürzlich durch Mandal *et al.* ein Katalysezyklus für diese Reaktion vorgeschlagen (Schema 14).[46]

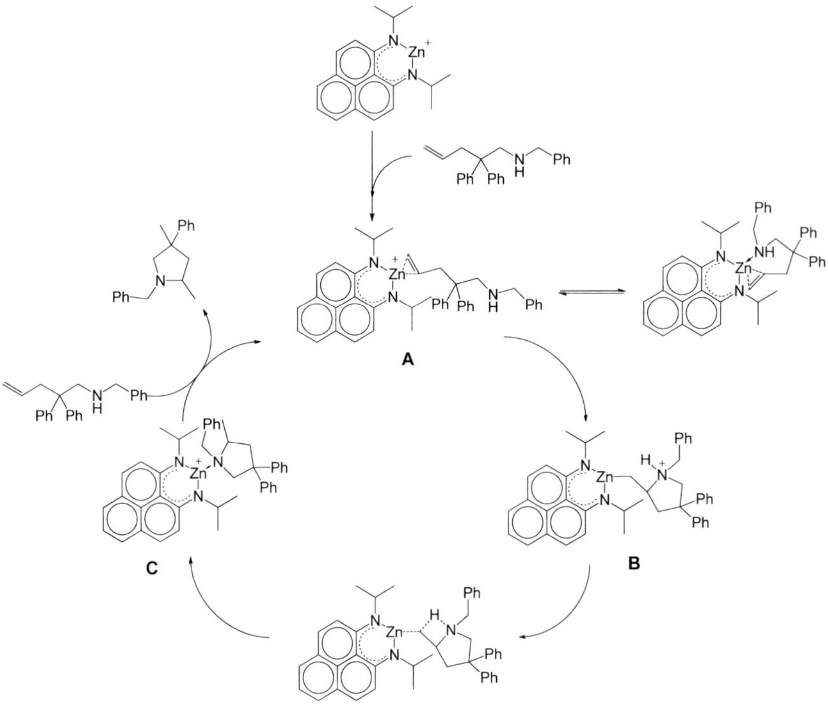

Schema 14: Mechanismus der Zink-katalysierten Hydroaminierung.

Zunächst wird aus dem Zinkorganyl durch Zugabe eines geeigneten Cokatalysators (z.B. $[PhNMe_2H][B(C_6F_5)_4]$) ein Zinkkation als katalytisch aktive Spezies gebildet. Im ersten Schritt des Katalysezyklus erfolgt die Koordination des Alkenfragments an das Metallzentrum **A**, wonach an das aktivierte Alken ein nucleophiler Angriff durch das Amin erfolgt **B**. Nach der Protonolyse der Zinkalkylbindung **C** wird das Zyklisierungsprodukt freigesetzt und die katalytisch aktive Spezies regeneriert. Nach erneuter Koordination eines Substratmoleküls beginnt der Zyklus von neuem.

2 Aufgabenstellung

Auf Grund der erfolgreichen Synthese des Iminophosphoranyl-thiophosphoranyl-methans und seiner Verwendung als Ligand in der Haupt- und Nebengruppenchemie sollte dieses Ligandensystem im Rahmen der vorliegenden Dissertation in die Amido-Metallchemie der Seltenerdmetalle eingeführt werden. Ziel war es, neue Seltenerdmetall-Iminophosphoranyl-thiophosphoranyl-methanid Komplexe zu synthetisieren, zu charakterisieren und diese im Anschluss auf ihre katalytische Eignung in der Hydroaminierung zu untersuchen. Dabei sollten homologe Verbindungen mit ausgewählten Vertretern der leichten bis schweren Seltenerdmetalle durch die Umsetzung von Seltenerdmetall-Silylamidokomplexen mit dem Neutralliganden $CH_2(PPh_2{=}NSiMe_3)(PPh_2{=}S)$ über die erweiterte Silylamidroute dargestellt werden.[47]

Des Weiteren sollten potentiell katalytisch aktive Zinkkomplexe mit dem Iminophosphoranyl-thiophosphoranyl-methan-Liganden synthetisiert und charakterisiert werden, da auch Zinkverbindungen erfolgreich für organische Transformationen eingesetzt werden können. Auf Grund der in der Katalyse bereits bewährten Phenylgruppe, sollte durch die Umsetzung des Neutralliganden mit Diphenylzink eine katalytisch aktive Zinkspezies über Protolyse dargestellt werden.[48] Abschließend sollten in Zusammenarbeit mit Larissa Hartenstein in unserer Arbeitsgruppe Hydroaminierungsuntersuchungen durchgeführt werden.

Ein weiteres Ziel waren die Untersuchungen der katalytischen Eigenschaften von Erdalkalimetallborhydridkomplexen in der Polymerchemie. Dabei sollten die in unserem Arbeitskreis von Dr. Sebastian Marks synthetisierten Komplexe $[EA(BH_4)_2(thf)_2]$ und $[\{Me_3SiNPPh_2)_2CH\}EA(BH_4)(thf)_2]$-Komplexe (EA = Ca, Sr) auf ihre Fähigkeit als Initiatoren bei der Polymerisation von ε-Caprolacton zu fungieren, untersucht werden.

3 Ergebnisse und Diskussion

3.1 Synthese der Iminophosphoranyl-thiophosphoranyl-methanid-Komplexe

Seit kurzem beschäftigen sich einige Arbeitsgruppen mit dem Iminophosphoranyl-thiophosphoranyl-methan $CH_2(PPh_2{=}NSiMe_3)(PPh_2{=}S)$ (**1**) als potentielle Vorstufe zu stabilen Metallkomplexen.[32] Die Protonen des zentralen Kohlenstoffatoms des Neutralliganden **1** sollten in Analogie zum Bis(iminophosphoranyl)methan aziden Charakter aufweisen. So wurde gezeigt, dass die mono- und dianionischen Verbindungen $\{CH(PPh_2{=}NSiMe_3)(PPh_2{=}S)\}^-$ bzw. $\{C(PPh_2{=}NSiMe_3)(PPh_2{=}S)\}^{2-}$ durch Deprotonierung der Neutralverbindung **1** erhalten werden können. Der Ligand fand bisher ausschließlich in der Hauptgruppenmetallchemie Anwendung.[32]

Zur Untersuchung von Reaktivität und Koordinationsverhalten des $\{CH(PPh_2{=}NSiMe_3)(PPh_2{=}S)\}^-$-Liganden bezüglich der Lanthanoide und des Zinks war zunächst die Darstellung geeigneter Transferreagenzien auf Alkalimetallbasis vorgesehen. Anschließend sollten diese über Metathesereaktionen mit wasserfreien Lanthanoidtrichloriden zu den entsprechenden $\{CH(PPh_2{=}NSiMe_3)(PPh_2{=}S)\}^-$-Komplexen umgesetzt werden. Die nachfolgenden Derivate sollten an dem in der Einleitung beschriebenem Aufbau eines Hydroaminierungskatalysators orientiert sein.

3.1.1 Synthese von $[K\{CH(PPh_2{=}NSiMe_3)(PPh_2{=}S)\}]$ (2)

Kürzlich wurde über die Lithiumderivate $[Li\{CH(PPh_2{=}NSiMe_3)(PPh_2{=}S)\}]$ und $[Li_2\{C(PPh_2{=}NSiMe_3)(PPh_2{=}S)\}]$ berichtet.[31] Als Transferreagenz sollte alternativ zum Lithiumsalz das Kaliumsalz des Iminophosphoranyl-thiophosphoranyl-methans **1** dargestellt werden.

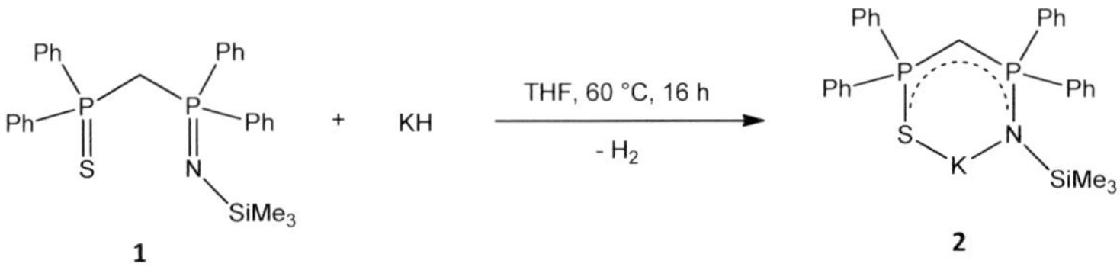

Schema 15: Synthese von [K{CH(PPh_2=$NSiMe_3$)(PPh_2=S)}] **2**.

Die Synthese des Kaliumsalzes des Iminophosphoranyl-thiophosphoranyl-methan-Liganden erfolgte durch Umsetzung des Neutralliganden **1** mit Kaliumhydrid in THF bei 60 °C unter Abspaltung von Wasserstoff (Schema 15). Nach Aufarbeitung des Reaktionsgemisches konnte das Produkt mittels Elementaranalyse, ^{1}H-, ^{13}C{^{1}H}-, ^{29}Si{^{1}H}- und ^{31}P{^{1}H}-NMR-, sowie IR-Spektroskopie analysiert und charakterisiert werden. Durch Umkristallisation des Rohproduktes aus Toluol konnten gelbe Einkristalle erhalten werden. Die Aufklärung der Molekülstruktur im Festkörper gelang mittels Einkristallröntgenstrukturanalyse (Abbildung 1).

Im ^{31}P{^{1}H}-NMR erscheinen zwei Signale bei 9.1 ppm und 33.3 ppm für die jeweils chemisch nicht äquivalenten Phosphoratome. Es handelt sich dabei um zwei Dubletts, die eine geminale Kopplung von 18.0 Hz aufweisen und im erwarteten Bereich liegen. Das analoge Lithiumsalz [Li{CH(PPh_2=$NSiMe_3$)(PPh_2=S)}] weist zwei Dubletts bei 16.1 ppm und 35.4 ppm mit einer Kopplungskonstanten von 21.7 Hz auf und ist somit im Vergleich zu **2** tieffeldverschoben. Der Neutralligand **1** weist dagegen zwei Signale bei -5.23 ppm und 36.7 ppm mit ^{2}J(P,P) = 16.0 Hz auf. Im ^{29}Si{^{1}H}-NMR-Spektrum ist ein Singulett für die Trimethylsilylgruppe bei -15.7 ppm vorzufinden, welches sich im erwarteten Bereich befindet. Es zeigt nur eine leichte Tieffeldverschiebung in Relation zum Singulett der vergleichbaren Trimethylsilylgruppen des literaturbekannten Komplexes [K{CH(PPh_2=$NSiMe_3$)$_2$}].[27] Des Weiteren erscheint das Signal der Trimethylsilylgruppe als Dublett bei 4.43 ppm und weist eine Kopplungskonstante *J*(C,Si) von 3.6 Hz auf.

Im ^{1}H-NMR-Spektrum ist ein Dublett bei 2.23 ppm für das Brückenmethinproton vorzufinden, das eine geminale Kopplung mit den jeweils chemisch nicht äquivalenten Phosphoratomen von 13.9 Hz aufweist. Das Fehlen der zweiten Kopplungskonstante zum zweiten chemisch nicht äquivalenten Phosphoratom ist unüblich, jedoch wurde dieses Phänomen bereits bei der analogen Lithiumverbindung ebenfalls beobachtet. Das Dublett ist im Vergleich zum Signal der Brückenwasserstoffatome des Neutralliganden **1** (δ 3.56 ppm) deutlich hochfeldverschoben. Das Signal des Brückenmethinprotons liegt allerdings im gleichen Bereich wie das der analogen Lithiumverbindung (δ 2.17 ppm).[31] Des Weiteren wurde ein Singulett bei -0.22 ppm für die Trimethylsilylgruppe und ein Multiplett von 7.05 – 8.13 ppm für die Wasserstoffatome der Phenylgruppen erwartungsgemäß beobachtet. Die Signale befinden sich im ähnlichen Bereich wie die Signale der Trimethylsilylgruppen und der Phenylgruppen von vergleichbaren Strukturen.[27, 31]

Des Weiteren konnte die erfolgreiche Synthese von **2** mittels IR-Spektroskopie und Elementaranalyse bestätigt werden. Das Festkörper IR-Spektrum von **2** weist zum einen eine intensive $\nu_{P=N}$ Absorption bei 1236 cm^{-1} und zum anderen die charakteristische Schwingung für eine Phosphor-Schwefel-Doppelbindung $\nu_{P=S}$ bei 693 cm^{-1} auf.[49] Außerdem befinden sich die zu erwarteten Banden der Schwingungen des Phosphors mit dem ipso-Kohlenstoffatom der Phenylgruppen bei $\nu_{P=Ci}$ 1434 cm^{-1}.[50]

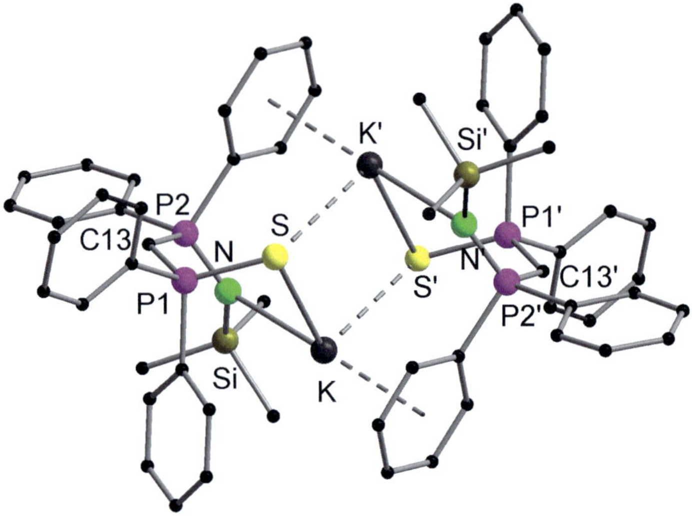

Abbildung 1: Molekülstruktur von **2** im Festkörper ohne Darstellung der Wasserstoffatome. Ausgewählte Abstände [Å] und Winkel [°]: *K-S 3.1451(6), K-S\` 3.1945(6), K-N 2.8178(4), K-C13 4.2609, K-K\` 3.9503(8), K-Si 3.5948(14), S-P1 2.0120(4), P1-C13 1.700(3), P2-C13 1.711(3), P2-N 1.5707(2), Si-N 1.690(2), S-K-S\` 102.92(3), N-K-S\` 85.64(5), N-K-S 83.27(6), K-S-K\` 77.08(3), P1-S-K 88.33(4), P1-S-K\` 125.62(4), N-P2-C13 116.49(15), S-P1-K 58.58(3), C13-P1-K 97.76(11), C13-P1-S 120.29(11), P2-N-K 122.74(12), P2-N-Si 133.69(15), Si-N-K 102.89(10), P1-C13-P2 124.1(2).*

Verbindung **2** kristallisiert lösungsmittelfrei in der monoklinen Raumgruppe $P2_1/n$ mit vier Molekülen pro Elementarzelle in Form von blass gelben Würfeln. Der Komplex liegt als Dimer vor, in welchem die Metallzentren über die Schwefelatome verbrückt werden. Im Zentrum der K-S-K´-S´-Ebene befindet sich ein kristallographisches Inversionszentrum. Des Weiteren bildet das Kaliumatom mit dem Ligandengerüst einen sechsgliedrigen Metallazyklus (K-S-P1-C13-P2-N), der eine Twisted-Boat Konformation einnimmt. Das literaturbekannte analoge Lithiumderivat des Liganden **1** kristallisiert im Unterschied zur Kaliumverbindung **2** als

Monomer und mit zwei THF-Molekülen in einer asymmetrischen Einheit, die an das Lithiumatom koordinieren. Der Abstand vom Kaliumatom zum Methinkohlenstoffatom (K-C13) beträgt 4.2609 Å und ist damit um 0.5539 Å größer in Relation zum Abstand des Lithiumatoms und des Methinkohlenstoffatoms (Li-C13) des vergleichbaren Lithiumsalzes [Li{CH(PPh_2=$NSiMe_3$)(PPh_2=S)}]. Dieses ist zum Teil auf den größeren Ionenradius des Kaliums zurückzuführen.[31] Ein weiterer Grund ist die Tatsache, dass das Kaliumsalz **2** im Gegensatz zum Lithiumsalz als Dimer kristallisiert. Im Vergleich zum Abstand des Brückenkohlenstoffatoms zum Metallzentrum im Kaliumsalz des Bis(iminophosphoranyl)methanid-Liganden, der 3.218(3) Å beträgt, ist der Abstand um fast einen Ångström länger. Dieses lässt sich mit der weniger stark ausgeprägten repulsiven Wechselwirkung der Phenylreste mit nur einer Trimethylsilylgruppe des Liganden begründen, die zur Verbrückung über die Schwefelatome mit dem Metallzentrum führt. Des Weiteren erfolgt innerhalb des Dimers eine π-Koordination eines Phenylringes des einen Fragments mit dem Kaliumatom des jeweils anderen Fragments. Es handelt sich dabei um einen Abstand von 2.967 Å.

Die Abstände der Phosphoratome zum Methinkohlenstoff betragen 1.700(3) Å (P1-C13) und 1.711(3) Å (P2-C13) und liegen somit im zu erwarteten Bereich. Sie sind den Abständen des Brückenkohlenstoffatoms mit den jeweiligen Phosphoratomen des literaturbekannten Lithiumsalzes des Liganden (1.708(4), 1.715(3) Å) nahezu identisch und wie erwartet deutlich kürzer im Gegensatz zum Neutralliganden (1.820(3), 1.831(3) Å).[31] Während sich die Bindungswinkel P1-C13-P2 von 122.5(1)° und 122.7(2)° des Neutralliganden **1** und des Lithiumanaloga kaum voneinander unterscheiden, beträgt der Bindungswinkel P1-C13-P2 von **2** 124.1(2)° und ist damit um 2.45° größer.[31]

3.1.2 Synthese von [{(PPh_2=$NSiMe_3$)(PPh_2=S)CH}$LnCl_2$(thf)] (Ln = Dy (3), Er (4))

Nach der Darstellung des geeigneten Transferreagenzes sollten mit diesem nun neue Verbindungen auf Lanthanoidbasis synthetisiert werden. Zum einen wurde Dysprosium als Zentralmetall gewählt, da dieses besondere magnetische Eigenschaften besitzt. So konnten bereits Komplexe synthetisiert werden, die ein sogenanntes Single-Molecule Magnet (SMM)–Verhalten aufweisen. SMMs sind häufig Koordinationsverbindungen in denen 3d4f-Elemente miteinander wechselwirken. Zudem sind auch SMMs bekannt, welche nur Lanthanoide enthalten wie $[Ln_2\{N(SiMe_3)_2\}_4(thf)_2(\mu:\eta^2:\eta^2-N_2)]^-$ oder $[\{Cp'_2Ln(\mu-SSiPh_3)\}_2]$ (Ln = Gd, Dy, Tb).[51] So ist zu erwarten, dass der Dysprosiumkomplex $[\{(PPh_2=NSiMe_3)-(PPh_2=S)CH\}DyCl_2(thf)]$ (**3**) ebenfalls SMM-Verhalten aufweist. Dieses wird derzeit in Kooperation mit Prof. Dr. Annie K. Powell untersucht. Neben Dysprosium wurde Erbium als Zentralmetall gewählt, um die Vorstufe für einen aktiven Hydroaminierungskatalysator darzustellen $[\{(PPh_2=NSiMe_3)(PPh_2=S)CH\}ErCl_2(thf)]$ (**4**).

Dabei wurde bewusst das Kaliumreagenz gegenüber dem literaturbekannten Lithiumreagenz bevorzugt, da die leichteren Alkalimetallhalogenide zu einem nichtstöchiometrischen Einbau in die Koordinationssphäre der entstehenden Lanthanoidkomplexe neigen. Hinzu kommt, dass die problematische Abtrennung von mikrokristallinem Lithiumchlorid vermieden werden kann. Lithiumchlorid lässt sich je nach verwendetem Lösungsmittel häufig unvollständig abfiltrieren.

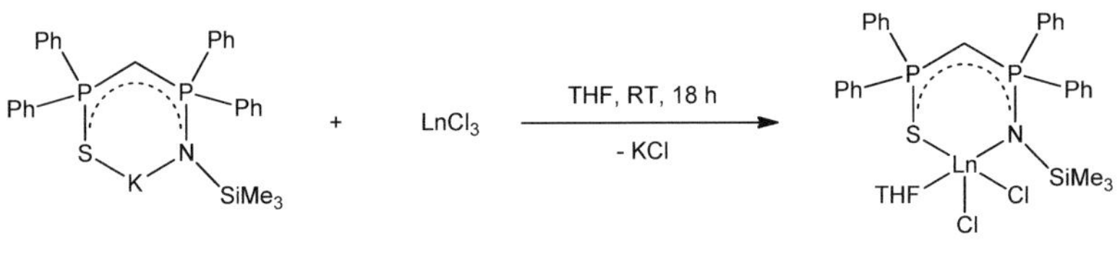

2

Ln = Dy (**3**), Er (**4**)

Schema 16: Synthese von $[\{(PPh_2=NSiMe_3)(PPh_2=S)CH\}LnCl_2(thf)]$ (Ln = Dy, Er).

Die Umsetzung des Kaliumsalzes **2** mit $LnCl_3$ (Ln = Dy, Er) im stöchiometrischen Verhältnis 1 : 1.1 führt mittels Salzmetathese unter Abspaltung von Kaliumchlorid zum monomeren Komplex $[\{(PPh_2=NSiMe_3)(PPh_2=S)CH\}LnCl_2(thf)]$ (Ln = Dy (**3**), Er (**4**)) in einer Ausbeute von 37–40 % (Schema 5). Die Reaktion erfolgt bei RT und wird in THF durchgeführt. Die neuen Komplexe wurden mittels Elementaranalyse und IR-Spektroskopie analysiert und charakterisiert. Nach Umkristallisation der Rohprodukte durch Überschichten einer THF-Lösung mit *n*-Pentan konnten Einkristalle der Chlorokomplexe **3** und **4** mit charakteristischen Färbungen erhalten werden. Die Aufklärung der Molekülstrukturen im Festkörper gelang mittels Einkristallröntgenstrukturanalyse (Abbildung 2).

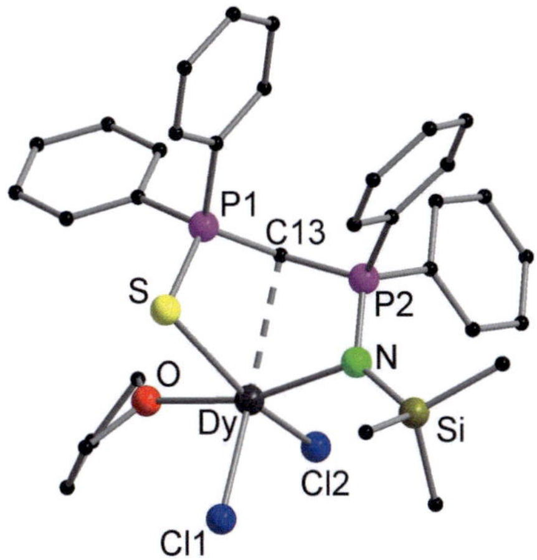

Abbildung 2: Molekülstruktur von **3** im Festkörper ohne Darstellung der Wasserstoffatome. Ausgewählte Abstände [Å] und Winkel [°] für **3** und der isostrukturellen Verbindung **4**:

3: Dy-Cl2 2.5487(13), Dy-Cl1 2.5628(11), Dy-S 2.8458(14), Dy-P2 3.0683(9), Dy-P1 3.2832(15), Dy-O 2.347(3), Dy-N 2.333(3), Dy-C13 2.672(3), S-P1 2.0076(13), P2-N 1.603(3), P2-C13 1.756(3), P1-C13 1.747(3), Si-N 1.742(3); Cl2-Dy-Cl1 104.11(6), Cl2-Dy-S 161.89(4), Cl1-Dy-S 92.50(4), S-Dy-P1 37.39(3), O-Dy-Cl2 84.95(7), O-Dy-Cl1 97.61(8), O-Dy-S 85.73(7), N-Dy-Cl2 93.03(7), N-Dy-Cl1 100.43(7), N-Dy-S 90.98(7), N-Dy-P2 30.88(7), C13-Dy-S 67.98(8), C13-Dy-P2 34.76(7), P1-S-Dy 83.22(4), N-P2-Dy 48.33(11), N-P2-C13 107.41(15), S-P1-Dy 59.40(4), C13-P1-S 110.49(11), P2-N-Dy 100.79(14), P2-N-Si 130.1(2), Si-N-Dy 129.08(14).

4: Er-N 2.311(3), Er-O 2.329(2), Er-Cl2 2.5213(12), Er-Cl1 2.5320(11), Er-C13 2.632(3), Er-S 2.8229(13), S-P1 2.0049(12), P1-C13 1.747(3), P2-N 1.598(3), P2-C13 1.757(3), Si-N 1.746(3); N-Er-Cl2 93.05(7), O-Er1-Cl2 85.32(7), N-Er-Cl1 100.30(7), O-Er-Cl1 97.40(8), Cl2-Er-Cl1 103.66(5), N-Er-S 91.39(7), O-Er-S 85.24(7), Cl2-Er-S 162.41(4), Cl1-Er-S 92.26(4), C13-Er-S 68.57(8), N-Er-P2 31.06(7), C13-Er-P1 32.38(7), S-Er-P1 37.68(3), P1-S-Er 82.93(4), C13-P1-S 109.98(12), C13-P1-Er 53.77(11).

Die Chlorokomplexe der Zusammensetzung [{(PPh_2=NSiMe$_3$)(PPh_2=S)CH}LnCl_2(thf)] (Ln = Dy (**3**), Er (**4**)) sind isostrukturell zueinander. Sie kristallisieren in der monoklinen Raumgruppe $P2_1/n$ mit vier Molekülen in der Elementarzelle. Durch Koordination des Stickstoffatoms der Trimethylsilyliminggruppe und dem Schwefelatom wird ein sechsgliedriger S-P1-C13-P2-N-Ln-Metallazyklus (Ln = Dy, Er) gebildet, der eine verzerrte Wannenkonformation aufweist. Des Weiteren koordinieren zwei Chloridliganden und ein THF-Molekül über das Sauerstoffatom an das Dysprosiumatom, wie in der Abbildung 2 anhand der Festkörperstruktur dargestellt. Das Zentralatom ist sechsfach koordiniert, sodass eine verzerrt oktaedrische Geometrie vorliegt. Der Bindungsabstand Dy-S beträgt 2.8458(14) Å und ist somit deutlich kürzer als der Abstand des vorher diskutierten Kaliumsalzes des Liganden **2**. Der Bindungsabstand des Dy-N beträgt 2.333(3) Å, die des Dy-Cl 2.5628(11) Å und die des Dy-O 2.347(3) Å und liegen im erwarteten Bereich. Die Bindungsabstände Er-S mit 2.8229(13) Å, Er-N mit 2.311(3) Å und Er-Cl mit 2.5320(11) Å haben sich wie erwartet auf Grund des kleineren Ionenradius des Zentralmetalls im Vergleich zu **3** verringert. Der Er-C13-Abstand beträgt 2.632(3) Å und ist somit geringer als der Dy-C13 mit 2.672(3) Å, was ebenfalls auf den Ionenradius des Zentralmetalls zurückzuführen ist. Die Bindungsabstände des Zentralatoms mit dem Brückenkohlenstoffatom sind nahezu identisch mit den Abständen des analogen Bis(iminophosphoranyl)-Komplexes (2.625(7) Å (Er-C13); 2.641(3) Å (Dy-C13)).[26a] Die P-C-Bindungsabstände (1.747(3)–1.757(3) Å) liegen gegenüber den P-C-Bindungen (1.820(3)–1.831(4) Å) des Neutralliganden **1** deutlich verkürzt vor, woraus man auf eine Delokalisierung der Ladung im Rückgrat des Liganden schließen kann.[31] Das Festkörper-IR-Spektrum und die Elementaranalyse bestätigen zusätzlich die erfolgreiche Synthese der Komplexe **3** und **4**. Im IR-Spektrum der Chloroverbindungen **3** und **4** befinden sich die zu erwarteten intensiven $\nu_{P=N}$ Absorptionen bei 1242 cm^{-1} und 1243 cm^{-1}.[49a] Des Weiteren sind die charakteristischen Schwingungen der Phosphor-Schwefel-Doppelbindungen $\nu_{P=S}$ bei 690 cm^{-1} und 689 cm^{-1} zu beobachten.[49b] Außerdem weist das Spektrum die zu erwarteten Banden der Schwingungen des Phosphoratoms mit dem ipso-Kohlenstoffatom $\nu_{P=Ci}$ bei 1436 cm^{-1} und 1437 cm^{-1} auf.[50]

3.1.3 Synthese von [{(PPh_2=$NSiMe_3$)(PPh_2=S)CH}Ln{N($SiHMe_2$)$_2$}$_2$] (Ln = Y, Sm, Er, Lu)

In der Organolanthanoidchemie gelten Alkyl-, Amido- und Hydrido-Cyclopentadienylkomplexe wie Cp^*_2LnR (Cp^* = (η^5-C_5Me_5); R = $CH(SiMe_3)_2$, $N(SiMe_3)_2$, H) als besonders effiziente Katalysatoren für eine Vielzahl an Olefintransformationen wie Polymerisation, Hydrosilylierung, Hydroborierung und Hydroaminierung.[8-11] Abgesehen von dem klassischen Cyclopentadienylkomplexen gibt es auch cyclopentadienylfreie Amido- oder Alkoxykomplexe der Lanthanoide, die sich ebenso als effektive Katalysatoren für die Hydroaminierung erwiesen haben, sogenannte Postmetallocene.[11a] [52] [53]

Die Umsetzung von einem Äquivalent von **4** mit zwei Äquivalenten $KN(SiHMe_2)_2$ führt mittels Salzmetathese unter Abspaltung von Kaliumchlorid zum monomeren Komplex [{(PPh_2=$NSiMe_3$)(PPh_2=S)CH}Er{N($SiHMe_2$)$_2$}$_2$] (**5**) in einer Ausbeute von 60 %. (Schema 17). Die Reaktion erfolgt bei 60 °C und wird in THF durchgeführt.

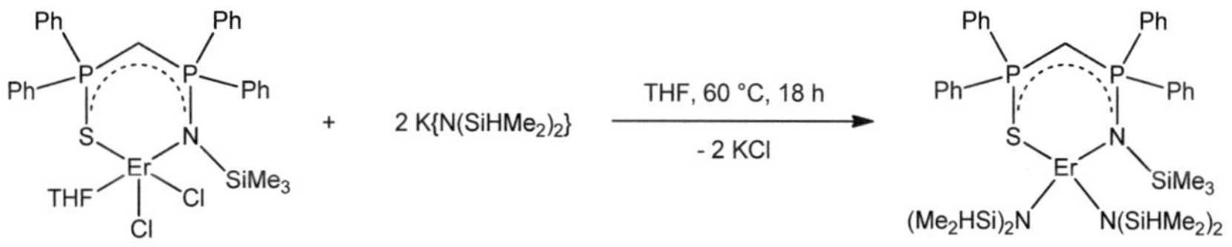

4 **5**

Schema 17: Synthese von [{(PPh_2=$NSiMe_3$)(PPh_2=S)CH}Er{N($SiHMe_2$)$_2$}$_2$] (**5**).

Der neu dargestellte Komplex wurde mittels Elementaranalyse und IR-Spektroskopie analysiert und charakterisiert. Durch Umkristallisation des Rohproduktes aus heißem *n*-Heptan konnten Einkristalle der Verbindung **5** mit einer charakteristischen Rosafärbung erhalten werden. Die Aufklärung der Molekülstruktur im Festkörper gelang mit Hilfe einer Einkristallröntgenstrukturanalyse.

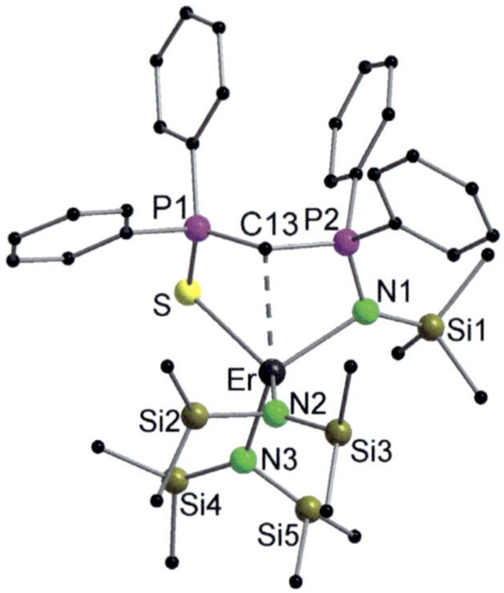

Abbildung 3: Molekülstruktur von **5** im Festkörper ohne Darstellung der Wasserstoffatome. Ausgewählte Abstände [Å] und Winkel [°]: *Er-S 2.856(3), Er-N1 2.328(7), Er-C13 2.634(9), Er-N2 2.232(9), Er-N3 2.242(9), S-P1 1.993(4), P1-C13 1.726(9), P2-N1 1.609(9), P2-C13 1.763(9), Si-N1 1.741(9), Er-Si3 3.002(1), Er-Si5 3.027(4); N2-Er-N3 103.5(3), N2-Er-N1 110.2(3), N1-Er-C13 66.6(3), N1-Er-S 95.1(2), C13-Er-S 67.0(2), N1-Er-P2 31.4(2), C13-Er-P2 35.3(2), C13-Er-P1 31.5(2), S-Er-P1 37.04(7), P2-Er-P1 58.10(6), P1-S-Er 83.31(11), C13-P1-S 109.2(3), C13-P1-Er 52.9(3), S-P1-Er 59.65(9), N1-P2-C13 108.4(4), N1-P2-Er 48.9(3), C13-P2-Er 59.6(3), P2-N1-Er 99.7(4), P1-C13-P2 124.0(6), P1-C13-Er 95.6(4), P2-C13-Er 85.2(3), Si2-N2-Er 99.3(4), Si5-N3-Er 100.0(4).*

Verbindung **5** kristallisiert lösungsmittelfrei in der monoklinen, chiralen Raumgruppe $P2_1$ mit vier Molekülen in der asymmetrischen Einheit, die linear zueinander angeordnet sind. Es handelt sich hierbei um einen Zwilling. Für die Diskussion der Bindungsabstände und –winkel wurde ein Molekül exemplarisch für alle vier gewählt und ist in Abbildung 3 dargestellt. Innerhalb einer Elementarzelle befinden sich acht Moleküle. Der trigonal bipyramidale Koordinationspolyeder um das Zentralatom wird durch die $\{N(SiHMe_2)_2\}^-$-Gruppen, die Er-C13-

Brücke und den $\{CH(PPh_2{=}NSiMe_3)(PPh_2{=}S)\}^-$-Liganden bestimmt. Das Erbiumatom weist somit die Koordinationszahl fünf auf. Durch die Koordination des Stickstoffatoms der Trimethylsilyliminogruppe und des Schwefelatoms an das Erbiumatom wird ein sechsgliedriger S-P1-C13-P2-N1-Er-Metallazyklus gebildet. Der Metallazyklus liegt in verzerrter Wannenkonformation vor. Die sterisch anspruchsvollen $\{N(SiHMe_2)_2\}^-$-Gruppen erlauben keine Koordinationsmöglichkeit eines weiteren Moleküls am Zentralatom im Gegensatz zu den Chloridliganden von **3** und **4**. Ein Siliziumatom der jeweiligen $\{N(SiHMe_2)_2\}^-$-Gruppe befindet sich stets in einem Abstand von 3.002(1)– 3.027(4) Å am Zentralatom. Es handelt sich hierbei um eine etwas geringere Distanz als die zwischen den Siliziumatomen der $\{N(SiHMe_2)_2\}^-$-Gruppe und den Lanthanoiden in den analogen Bis(iminophosphoranyl)-methanid-Komplexen (3.1034(14)-3.1331(13) Å).[11a] Der Bindungswinkel Er-N-Si der $\{N(SiHMe_2)_2\}^-$-Gruppe beträgt 99.3(4)–100.0(4)° und ist somit um mindestens drei Grad kleiner im Vergleich zu den analogen Winkeln der untersuchten Bis(iminophosphoranyl)-methanid-Komplexe. Dies deutet auf eine schwache, monoagostische ß-Si-H-Wechselwirkung hin, die bereits für andere Dimethylsilylamid-Lanthanoidkomplexe beschrieben wurde.[54],[55] Die Erbium-Stickstoff-Bindungslängen der $\{N(SiHMe_2)_2\}^-$-Gruppen betragen 2.232(9)-2.242(9) Å und gleichen somit denen, die im Edukt $[Er\{N(SiHMe_2)_2\}_3(thf)_2]$ vorzufinden sind. Der Abstand zwischen dem Methanid-Kohlenstoffatom C13 und dem Metallzentrum beträgt 2.634(9) Å. Außerdem liegen auch hier die P-C-Bindungsabstände (1.726(9)–1.763(9)) Å) gegenüber den P-C-Bindungen (1.820(3)–1.831(4) Å) des Neutralliganden **1** deutlich verkürzt vor, was erneut auf die delokalisierte Ladung im Rückgrat des Liganden schließen lässt. In Relation zu **2** (1.700(3)-1.711(3) Å) sind die Bindungsabstände geringfügig länger. Des Weiteren bestätigen das IR-Spektrum und die Elementaranalyse die erfolgreiche Synthese der Verbindung $[\{(PPh_2{=}NSiMe_3)(PPh_2{=}S)CH\}Er\{N(SiHMe_2)_2\}_2]$ **5**. Das Festkörper IR-Spektrum weist zum einen eine intensive $\nu_{P=N}$ Absorption bei 1243 cm^{-1} auf und zum anderen befindet sich die charakteristische Schwingung der Phosphor-Schwefel-Doppelbindung $\nu_{P=S}$ bei 689 cm^{-1}.[49] Des Weiteren sind die Schwingungen des Phosphoratoms mit dem *ipso*-Kohlenstoffatom $\nu_{P=Ci}$ bei 1437 cm^{-1}.[50] Zusätzlich ist die Si-H-Schwingung $\nu_{Si=H}$ bei 2064 cm^{-1} zu beobachten.[56] Alle Banden befinden sich im zu erwarteten Bereich und sind nahezu identisch mit denen vorher diskutierten Komplexen **2, 3** und **4**.

Neben der vorgestellten Syntheseroute gibt es eine weitere Möglichkeit den Erbium-Komplex **5** darzustellen (Schema 18). Es handelt sich dabei um die erweiterte

Silylamidroute.[47] Diese Methode ergibt die höchsten Ausbeuten und wurde für weitere Amido-Komplexe der Zusammensetzung $[\{(PPh_2{=}NSiMe_3)(PPh_2{=}S)CH\}Ln\{N(SiHMe_2)_2\}_2]$ angewendet.

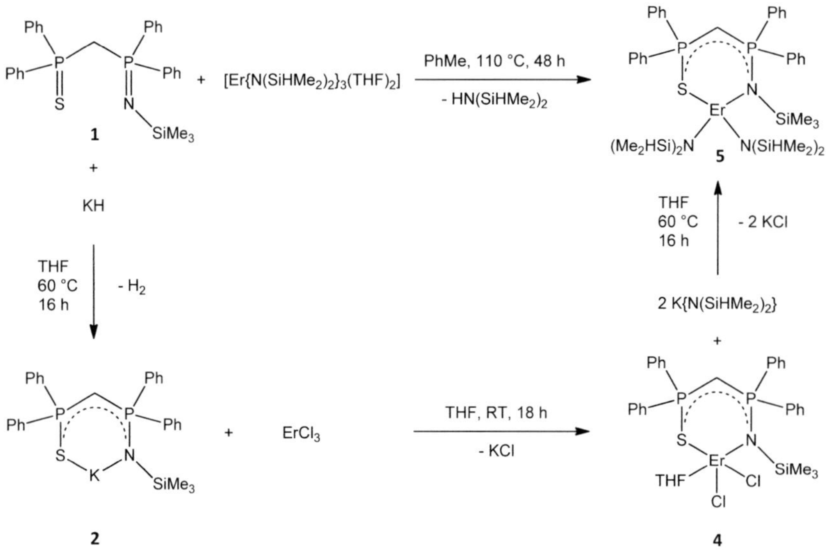

Schema 18: Zwei Synthesemöglichkeiten $[\{(PPh_2{=}NSiMe_3)(PPh_2{=}S)CH\}Er\{N(SiHMe_2)_2\}_2]$ (**5**) darzustellen.

So konnten $[\{(PPh_2{=}NSiMe_3)(PPh_2{=}S)CH\}Ln\{N(SiHMe_2)_2\}_2]$ (Ln = Y (**6**), Sm (**7**), Er (**5**), Lu (**8**)) über die Amin-Eliminierungsreaktion ausgehend von den Seltenerdamiden, auch als Anwanderamide bekannt, $[Ln\{N(SiHMe_2)_2\}_3(thf)_2]$ (Ln = Y, Sm, Er, Lu) durch die Umsetzung mit dem Neutralliganden $CH_2(PPh_2{=}NSiMe_3)(PPh_2{=}S)$ **1** in siedendem Toluol erhalten werden (Schema 19).[56] **7** und **8** wurden in Zusammenarbeit mit Dr. Murugesapandian Balasubramanian aus unserem Arbeitskreis dargestellt. Die anschließende einfache Reinigung des Produktes durch Abdestillation des freien Amins zusammen mit dem Lösungsmittel im Vakuum, ist ein weiterer Vorteil dieses Syntheseweges. Die nahezu quantitativen Ausbeuten von bis zu 92 % sprechen ebenfalls für die Darstellung der Bisdimethylsilylamid-Komplexe **5**-**8** über die Silylamidroute.[47]

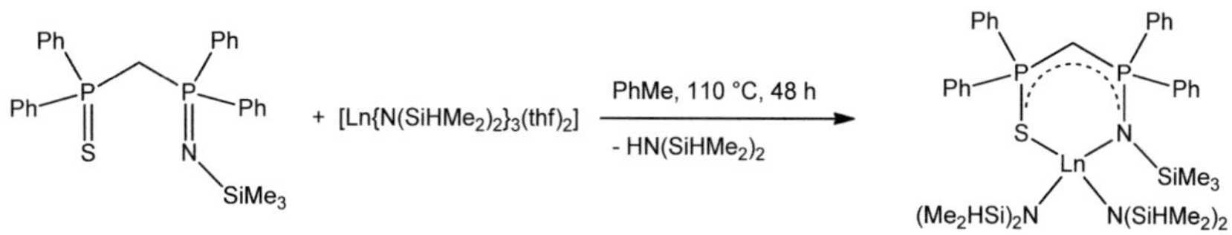

Schema 19: Synthese von [{(PPh_2=$NSiMe_3$)(PPh_2=S)CH}Ln{N($SiHMe_2$)$_2$}$_2$] (Ln = Y (**6**), Sm (**7**), Er (**5**), Lu (**8**)).

Um den Einfluss der unterschiedlichen Ionenradien der Lanthanoide auf die katalytischen Eigenschaften zu untersuchen, wurden Komplexe der großen Samariumionen, der mittelgroßen Yttriumionen sowie der kleinen Lutetiumionen synthetisiert. Durch Umkristallisation der Rohprodukte aus heißem *n*-Heptan konnten Einkristalle der Silylamidkomplexe mit charakteristischen Färbungen erhalten werden. Die Aufklärung der Molekülstruktur im Festkörper gelang mit Hilfe von Einkristallröntgenstrukturanalyse. Des Weiteren konnte die erfolgreiche Synthese aller Verbindungen mittels Elementaranalyse und IR-Spektroskopie bestätigt werden.

Der Yttrium-Komplex **6** wurde mittels ^{1}H-, ^{31}P-{^{1}H}-, ^{31}P-{^{1}H,^{89}Y}-, und ^{89}Y-NMR-Spektroskopie analysiert. Im ^{1}H-NMR-Spektrum der Yttrium-Verbindung **6** ist ein Triplett bei einer chemischen Verschiebung von 2.14 ppm für das Brückenmethinproton vorzufinden. Es ist im Vergleich zum Neutralliganden deutlich hochfeldverschoben (δ = 3.56 ppm).[31] Die Kopplungskonstanten betragen 0.7 Hz (^{2}J(H,P_N) = 0.7 Hz, ^{2}J(H,P_S) = 0.7 Hz). Als Signal für die Trimethylsilylgruppe wird bei -0.03 ppm ein Singulett beobachtet, welches im erwarteten Bereich liegt. Im Vergleich zum Kaliumsalz des Liganden **2** ist es um 0.20 ppm tieffeldverschoben, wobei es in Relation zum analogen Bis(iminophosphoranyl)methanid-Komplex geringfügig hochfeldverschoben vorliegt (δ = 0.12 ppm). Im ^{31}P{^{1}H}-NMR erscheinen zwei

Signale bei 20.3 ppm und 32.3 ppm für die jeweils chemisch nicht äquivalenten Phosphoratome. Es handelt sich dabei um jeweils ein Dublett von Dubletts, die eine geminale Kopplung von 9.5 Hz und 5.8 Hz ($^2J(P_N,P_S)$ = 9.5 Hz, $^2J(P_S,Y)$ = 5.8 Hz) bzw. 9.2 Hz und 6.6 Hz ($^2J(P_N,P_S)$ = 9.2 Hz, $^2J(P_N,Y)$ = 6.6 Hz) aufweisen. Im $^{31}P\{^1H,^{89}Y\}$-NMR sind erwartungsgemäß zwei Signale bei 20.6 ppm und 32.2 ppm vorzufinden. Es handelt sich dabei um jeweils ein Dublett, die eine geminale Kopplungskonstante von 8.7 Hz ($^2J(P_N,P_S)$ = 8.7 Hz)und 8.8 Hz ($^2J(P_N,P_S)$ = 8.8 Hz) aufweisen. Im ^{89}Y-NMR-Spektrum ist ein breites Signal bei 475.8 ppm für das Zentralatom vorzufinden.

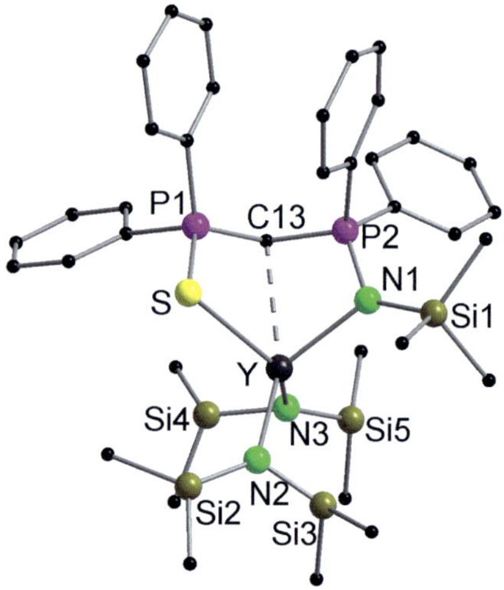

Abbildung 4: Molekülstruktur von **6** im Festkörper ohne Darstellung der Wasserstoffatome. Ausgewählte Abstände [Å] und Winkel [°]: *Y-N1 2.342(6), Y-N2 2.262(7), Y-N3 2.228(7), Y-C13 2.666(7), Y-S 2.872(2), Y-P2 3.070(2), Y-P1 3.314(2), S-P1 1.997(3), P1-C13 1.732(7), P2-N1 1.604(6), P2-C13 1.750(8), Si1-N1 1.735(6), Y-Si5 3.020(2), Y-Si3 3.031(3); N1-Y-C13 65.5(2), N1-Y-S 93.99(15), C13-Y-S 66.59(15), N1-Y-P2 30.93(14), C13-Y-P2 34.6(2), S-Y-P2 81.08(6), C13-Y-P1 31.35(15), S-Y-P1 36.79(5), P2-Y-P1 57.52(5), P1-S-Y 83.72(8), C13-P1-S 109.3(3), C13-P1-Y 53.2(2), S-P1-Y 59.49(8), N1-P2-C13 108.4(3), N1-P2-Y 48.6(2), C13-P2-Y 60.0(2), P2-N1-Y 100.4(3), P1-C13-P2 124.3(4), P1-C13-P2 124.3(4), P1-C13-Y 95.4(3), P2-C13-Y 85.4(3).*

Verbindung **6** kristallisiert lösungsmittelfrei in der monoklinen Raumgruppe $P2_1$ mit vier Molekülen in einer asymmetrischen Einheit, wobei im Gegensatz zu [{(PPh_2=$NSiMe_3$)(PPh_2=S)CH}Er{N($SiHMe_2$)$_2$}$_2$] **5** diese nicht linear zueinander angeordnet liegen. Es handelt sich hierbei ebenfalls um einen Zwilling. Ein Molekül wurde exemplarisch für alle vier für die Diskussion der Bindungsabstände und -winkel gewählt und ist in Abbildung 4 dargestellt. Innerhalb einer Elementarzelle befinden sich acht Moleküle. Der Koordinationspolyeder um das Yttriumatom wird durch die {N($SiHMe_2$)$_2$}$^-$-Gruppen, die Y-C13-Brücke und den {CH(PPh_2=$NSiMe_3$)(PPh_2=S)}$^-$-Liganden bestimmt und weist eine trigonal bipyramidale Geometrie auf. Das Yttriumatom ist somit fünffach koordiniert. Durch die Koordination des Stickstoffatoms der Trimethylsilyliminigruppe und des Schwefelatoms an das Yttriumatom wird ein sechsgliedriger S-P1-C13-P2-N1-Y-Metallazyklus gebildet, der ebenfalls eine verzerrte Wannenkonformation aufweist. Ein Siliziumatom der jeweiligen {N($SiHMe_2$)$_2$}$^-$-Gruppe befindet sich stets in einem Abstand von 3.0202(2)–3.031(3) Å am Zentralatom, was auf eine schwache, monoagostische ß-Si-H-Wechselwirkung zurückzuführen ist. Damit entsprechen sie den Bindungslängen des analogen Erbium-Amidokomplexes **5**. Die Yttrium-Stickstoff-Bindungslängen der {N($SiHMe_2$)$_2$}-Gruppen betragen 2.228(7)-2.262(7) Å und gleichen den Y-N-Bindungslängen des Edukts [Y{N($SiHMe_2$)$_2$}$_3$(thf)$_2$].[56] Der Abstand des Brückenkohlenstoffatoms C13 und des Yttriumatoms weist einen Wert von 2.666(7) Å auf und liegt somit im zu erwarteten Bereich. Auf Grund der Delokalisierung der Ladung im Rückgrat des Liganden erhält man Bindungsabstände von P1-C13 sowie P2-C13 bei 1.732(7) bzw. 1.750(8) Å. Diese liegen im erwarteten Bereich. Die weitere Charakterisierung des kristallinen Produktes erfolgte über IR-Spektroskopie und Elementaranalyse, wodurch die erfolgreiche Synthese wiederholt bestätigt wurde. Das Festkörper IR-Spektrum von **6** weist zum einen eine intensive $\nu_{P=N}$ Absorption bei 1246 cm^{-1} und zum anderen die charakteristische Schwingung der Phosphor-Schwefel-Doppelbindung $\nu_{P=S}$ bei 688 cm^{-1} auf.[49] Des Weiteren sind die Phosphor-Phenyl-Schwingungen bei 1436 cm^{-1}.[50] Die charakteristische Si-H-Schwingung der Amidoliganden weist eine intensive $\nu_{Si\text{-}H}$ Absorption bei 2111 cm^{-1} auf.[56]

Alle Banden befinden sich im zu erwarteten Bereich und sind nahezu identisch mit denen vorher diskutierten Komplexen **2**, **3** und **4**.

Der Samarium-Amido-Komplex [{(PPh_2=$NSiMe_3$)PPh_2=S)CH}Sm{N($SiHMe_2$)$_2$}$_2$] **7** ist paramagnetisch, sodass beim Analysieren von NMR-Spektren breite und nicht eindeutig zuzuordnende Signale vorzufinden sind. Im $^{31}P\{^1H\}$-NMR-Spektrum der Samarium-Verbindung **7** befinden sich zwei breite Signale bei 38.6 ppm und 45.9 ppm für die jeweils chemisch nicht äquivalenten Phosphoratome. Die Aufklärung der Molekülstruktur von **7** im Festkörper gelang mit Hilfe einer Einkristallröntgenstrukturanalyse (Abbildung 5).

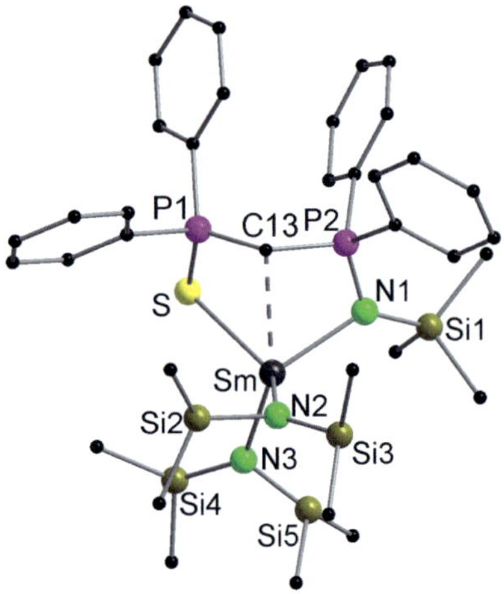

Abbildung 5: Molekülstruktur von **7** im Festkörper ohne Darstellung der Wasserstoffatome. Ausgewählte Abstände [Å] und Winkel [°] für **7** und der isostrukturellen Verbindung **8**:
7: *Sm-N1 2.422(8), Sm-N2 2.316(9), Sm-N3 2.25(10), Sm-C13 2.831(8), Sm-S 2.855(3), Sm-P2 3.173(2), Sm-P1 3.380(3), S-P1 2.020(4), P1-C13 1.727(9), P2-N1 1.600(8), P2-C13 1.752(9), Si1-N1 1.734(6), Sm-Si3 2.25(10), Sm-Si5 2.316(9); N1-Sm-C13 62.7(3), N1-Sm-S 95.39(2), C13-Sm-S 66.11(2), N1-Sm-P2 29.54(2), C13-Sm-P2 33.32(2), S-Sm-P2 82.61(8), C13-Sm-P1 30.71(2), S-Sm-P1 36.59(7), P2-Sm-P1 56.88(6), P1-S-Y 86.01(12), C13-P1-S 111.4(3), C13-P1-Sm 56.8(3), S-P1-Sm 57.40(10), N1-P2-C13 110.3(4), N1-P2-Sm 48.2(3), C13-P2-Sm 62.5(3), P2-N1-Sm 102.3(4), P1-C13-P2 128.0(5), P1-C13-Sm 92.5(3), P2-C13-Sm 84.1(3).*

8: *Lu-N1 2.294(12), Lu-N2 2.20(4), Lu-N3 2.200(14), Lu-C13 2.647(2), Lu-S 2.809(5), Lu-P2 3.027(4), Lu-P1 3.278(5), S-P1 1.993(6), P1-C13 1.737(14), P2-N1 1.603(12), P2-C13 1.748(15), Si1-N1 1.749(6), Lu-Si3 3.092(6), Lu-Si5 3.102(2); N1-Lu-C13 66.4(4), N1-S-Lu-S 96.7(3), C13-Lu-S 67.9(3), N1-Lu-P2 31.4(3), C13-Lu-P2 35.1(3), S-Lu-P2 83.21(14), C13-Lu-P1 31.9(3), S-Lu-P1 37.23(12), P2-Lu-P1 58.43(11), P1-S-Lu 84.28(2), C13-P1-S 109.4(6), C13-P1-Lu 53.6(5), S-P1-Lu 58.51(2), N1-P2-C13 108.5(7), N1-P2-Lu 48.2(4), C13-P2-Lu 60.5(5), P2-N1-Lu 100.4(5), P1-C13-P2 124.5(8), P1-C13-Lu 94.5(6), P2-C13-Lu 84.5(6).*

Während die Yttrium-Verbindung **6** analog zum Erbium-Komplex in der chiralen Raumgruppe $P2_1$ kristallisiert, weisen die Samarium- und Lutetium-Strukturen **7** und **8** eine achirale Symmetrie auf und kristallisieren in der monoklinen Raumgruppe $P2_1/c$ mit zwei Molekülen in einer asymmetrischen Einheit.

Der Samarium-Amidokomplex **7** kristallisiert isostrukturell zur analogen Lutetium-Verbindung $[\{(PPh_2{=}NSiMe_3)(PPh_2{=}S)CH\}Lu\{N(SiHMe_2)_2\}_2]$ **8**. Er kristallisiert lösungsmittelfrei in der monoklinen Raumgruppe $P2_1/c$ mit zwei Molekülen in einer asymmetrischen Einheit. Ein Molekül wurde exemplarisch für die Diskussion der Bindungsabstände und –winkel gewählt und ist in Abbildung 5 dargestellt. Innerhalb einer Elementarzelle befinden sich acht Moleküle. Der trigonal bipyramidale Koordinationspolyeder um das Zentralatom wird durch die $\{N(SiHMe_2)_2\}^-$-Gruppen, die Sm-C13-Brücke und den $\{CH(PPh_2{=}NSiMe_3)(PPh_2{=}S)\}^-$-Liganden bestimmt. Das Samariumatom weist daher die Koordinationszahl fünf auf. Durch die Koordination des Stickstoffatoms der Trimethylsilyliminogruppe und des Schwefelatoms an das Samariumatom wird ein sechsgliedriger S-P1-C13-P2-N1-Sm-Metallazyklus gebildet, der auch in den vorangegangenen Strukturen **2**-**6** zu beobachten war. Er weist eine verzerrte Wannenkonformation auf. Die analogen Bis(iminophosphoranyl)methanid-Amido-Komplexe weisen ebenfalls die gleiche Konformation auf.[11a] Das Samariumatom befindet sich stets in einem Abstand von 3.150(3)–3.160(5) Å an ein Siliziumatom der jeweiligen $\{N(SiHMe_2)_2\}^-$-Gruppe, während der Abstand zwischen dem Lutetiumatom und dem Siliziumatom 3.092(6)–3.102(2) Å beträgt. In beiden Fällen deutet die im gleichen Bereich liegende Distanz auf schwache, monoagostische ß-Si-H-Wechselwirkungen hin. Sie entsprechen auch den analogen Bindungslängen in den Erbium- und Yttriumverbindungen **5** und **6** (3.004(2)-3.1331(9) Å). Die Samarium-Stickstoff-Bindungslängen der $\{N(SiHMe_2)_2\}^-$-Gruppen betragen 2.25(10)-

2.316(9) Å und unterscheiden sich somit um einen halben Angström voneinander, gleichen aber den Samarium-Stickstoff-Bindungslängen des Edukts [Sm{N(SiHMe$_2$)$_2$}$_3$(thf)$_2$].[56] Die Bindungsabstände der Stickstoffatome der {N(SiHMe$_2$)$_2$}$^-$-Gruppen und des Lutetiums betragen 2.200(14)-2.20(4) Å und weichen somit im Gegensatz kaum voneinander ab. Der Bindungsabstand des Brückenkohlenstoffatoms C13 und des Samariumatoms weist einen Wert von 2.831(8) Å auf und ist somit um nahezu 0.2 Å größer als die Distanz zwischen dem Lutetiumatom und dem Methinkohlenstoffatom C13, der 2.647(2) Å beträgt. Dieser Bindungsabstand (Lu–C13) liegt im nahezu identischen Bereich der Erbium- und Yttrium-Komplexverbindungen **5** (2.634(9) Å) und **6** (2.666(7) Å). Auch die bereits diskutierten Dysprosium- und Erbium-Chloroverbindungen **3** (2.672(3) Å) und **4** (2.632(3) Å) weisen einen Bindungsabstand des Zentralatoms mit dem Brückenkohlenstoffatom im gleichen Bereich auf. Auf Grund der Delokalisierung der Ladung im Rückgrat des Iminophosphoranyl-thiophosphoranyl-methan-Liganden erhält man Bindungsabstände der Phosphoratome zum Methinkohlenstoffatom von 1.727(9) Å (P1-C13) sowie 1.752(9) Å (P2-C13) für **7** bzw. 1.737(14) Å (P1-C13) sowie 1.748(15) Å (P2-C13) für **8**. Diese liegen im erwarteten Bereich. Die weitere Charakterisierung des kristallinen Produktes von [{(PPh$_2$=NSiMe$_3$)PPh$_2$=S)CH}Ln{N(SiHMe$_2$)$_2$}$_2$] (Ln = Sm **7**, Lu **8**) erfolgte über IR-Spektroskopie und Elementaranalyse, wodurch die erfolgreiche Synthese bestätigt wurde.

Die Festkörper IR-Spektren von **7** und **8** weisen analog zum Erbium-Komplex **5** und zum Yttrium-Komplex **6** die zu erwarteten Banden auf. Zum einen sind eine intensive $\nu_{P=N}$ Absorption bei 1236 cm^{-1} (**7**) bzw. 1243 cm^{-1} (**8**) und zum anderen sind die charakteristischen Schwingungen der Phosphor-Schwefel-Doppelbindungen $\nu_{P=S}$ bei 690 cm^{-1} (**7**) und 689 cm^{-1} (**8**) vorzufinden.[49] Des Weiteren befinden sich die Banden der Schwingungen des Phosphoratoms mit dem *ipso*-Kohlenstoffatom $\nu_{P=Ci}$ bei 1436 cm^{-1} (**7**) und bei 1437 cm^{-1} (**8**).[50] Die charakteristische Si-H-Schwingung der Amidoliganden weist eine intensive $\nu_{Si\text{-}H}$ Absorption bei 2050 cm^{-1} (**7**) bzw. bei 2075 cm^{-1} (**8**) auf.[56] Alle Banden sind nahezu identisch.

Der Lutetium-Komplex **8** wurde mittels ^{1}H- und ^{31}P-{^{1}H}-NMR-Spektroskopie analysiert. Im ^{1}H-NMR-Spektrum ist ein Triplett bei einer chemischen Verschiebung von 2.18 ppm für das Brückenmethinproton vorzufinden. Es ist im Vergleich zum Neutralliganden deutlich hochfeldverschoben (δ = 3.56 ppm).[31] Die Kopplungskonstanten betragen 0.8 Hz (^2J(H, P$_N$) = 0.8 Hz, ^2J(H, P$_S$) = 0.8 Hz) und sind nahezu identisch zum vorigen Yttrium-Komplex **6,** dessen Triplett im gleichen Bereich lag (δ = 2.14 ppm). Als Signal für die Trimethylsilylgruppe wird bei -0.01 ppm ein Singulett beobachtet, das im erwarteten Bereich liegt. Im Vergleich zum Kaliumsalz des Liganden **2** ist es tieffeldverschoben (δ = 0.23 ppm), wobei es in Relation zum analogen Bis(iminophosphoranyl)methanid-Komplex hochfeldverschoben vorliegt (δ = 0.12 ppm).[11a]

Im $^{31}P\{^{1}H\}$-NMR erscheinen zwei Signale bei 21.3 ppm und 31.4 ppm für die jeweils chemisch nicht äquivalenten Phosphoratome vorzufinden. Es handelt sich dabei um jeweils ein Dublett, die eine geminale Kopplung von 9.5 Hz ($^{2}J(P_N,P_S)$ = 9.5 Hz) und 9.5 Hz ($^{2}J(P_S,P_N)$ = 9.5 Hz) aufweisen.

3.1.4 Hydroaminierung mit Lanthanoidsilylamid-Komplexen

In Zusammenarbeit mit Dr. Anja Lühl und Larissa Hartenstein wurden in unserer Arbeitsgruppe die Verbindungen $[\{(PPh_2{=}NSiMe_3)(PPh_2{=}S)CH\}Ln\{N(SiHMe_2)_2\}_2]$ (Ln = Y (**6**), Sm (**7**), Lu (**8**)) auf ihre Eigenschaften als Katalysator für die intramolekulare Hydroaminierung von primären Aminoalkenen sowie einem Aminoalkin untersucht. Die Ergebnisse sind in der folgenden Tabelle dargestellt (Tabelle 2). Die Experimente werden mit einer Katalysatorbeladung von 2 mol % in C_6D_6 durchgeführt. Die Aminoalkene (Tabelle 2, Einträge 1-8) reagieren zum Additionsprodukt bei 100 °C, wohingegen das Aminoalkin (Tabelle 2, Eintrag 9) schon bei 60 °C zum Produkt zyklisiert. Die Einführung unterschiedlicher Substituenten, wie Cyclohexyl und Methyl, beeinflusst die Reaktionsrate geringfügig (Tabelle 2, Einträge 1, 4 und 7). Das phenylsubstituierte Aminoalken (**9a**) zyklisiert unter Verwendung des Yttrium-Komplexes **6** nahezu quantitativ nach zwei Stunden (Tabelle 2, Eintrag 1), während der Samarium-Komplex **7** und der Lutetium-Komplex **8** in drei bis vier Stunden einen quantitativen Umsatz ermöglichen (Tabelle 2, Einträge 2 und 3). **8** ermöglicht die quantitative Zyklisierung des cyclohexylsubstituierten Aminoalkens (**10a**) innerhalb von 3 h, während **6** und **7** keine reproduzierbare, katalytische Aktivität aufweisen (Tabelle 2, Einträge 4 und 5). Das methylsubstituierte Aminoalken (**11a**) zyklisiert mit **6** und **7** nach drei bzw. zwei Stunden bei 100 °C (Tabelle 2, Einträge 7 und 8).

Während in der Hydroaminierung für die analogen Bis(iminophosphoranyl)methanid-Komplexe ein klarer Trend bezüglich Ionengröße und Reaktionsgeschwindigkeit erkennbar ist (La > Sm > Y > Lu), kann dieses für die Verbindungen **6**-**8** nicht bestätigt werden.[11a] In allen Fällen konnten die Hydroaminierungsreaktionen innerhalb von zwei bis sieben Stunden abgeschlossen werden. Der Samarium-Komplex **7** erwies sich als effektiv für Substrat **11a**, während bei den anderen Substraten **9a** und **10a** die Yttrium-Verbindung **6** am schnellsten eine quantitative Ausbeute erzielte. Allerdings schwanken die Reaktionsdauer und Ausbeuten im Fall des Substrats **10a** für **6** und **7** erheblich. Der Lutetium-Komplex **8** erzielt hierbei nach drei Stunden eine quantitative Ausbeute. Somit kann auch keine zuverlässige Aussage in Bezug auf den Einfluss des Thorpe Ingold Effekts auf die Geschwindigkeit der Zyklisierungsreaktion getroffen werden. Im Vergleich zu bereits literaturbekannten Katalysatorsystemen wie z.B. $[Ln\{N(SiMe_3)_2\}_3]$ (Ln = La, Y) oder $[\{(PPh_2{=}NSiMe_3)_2CH\}\text{-}Ln\{N(SiHMe_2)_2\}_2]$ benötigen die vorgestellten Verbindungen **6**-**8** längere Reaktionszeiten und höhere Temperaturen.[9c]

Tabelle 2: [{(PPh_2=$NSiMe_3$)(PPh_2=S)CH}Ln{N($SiHMe_2$)$_2$}$_2$] (Ln = Y (**6**), Sm (**7**), Lu (**8**))-katalysierte Hydroaminierung von Aminoalkenen[a] und einem Aminoalkin.[b]

Nr.	Substrat	Produkt	Kat.	Zeit [h]	Ausbeute[c] [%]
1			**6**	2	98
2	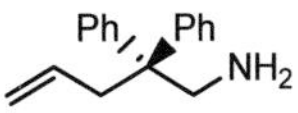 **9a**	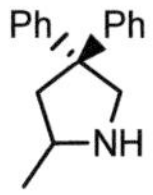 **9b**	**7**	3-4	quant.
3			**8**	4	quant.
4			**6**	2 – 5.5	54 – quant.
5	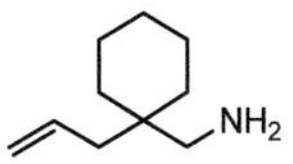 **10a**	 **10b**	**7**	4 - 7	73 - 96
6			**8**	3	quant.
7			**6**	3	98
8	 **11a**	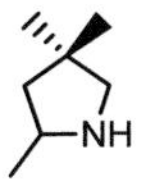 **11b**	**7**	2	98
9	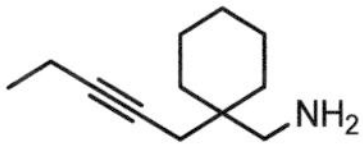 **12a**	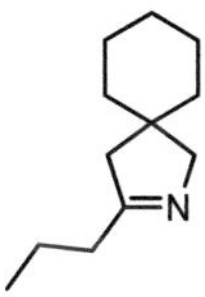 **12b**	**7**	30 min	quant.

[a] Reaktionsbedingungen: Substrat (0.5 mmol), 5 mol% Katalysator in 0.5 mL C_6D_6, 100 °C. [b] Reaktionsbedingungen: Substrat (0.5 mmol), 5 mol% Katalysator in 0.5 mL C_6D_6, 60 °C [c] mittels ^{1}H-NMR-Spektroskopie, Ferrocen als interner Standard.

Die intramolekulare Hydroaminierung des primären Aminoalkins (**12a**) verläuft im Gegensatz zu den Aminoalkenen **9a** - **11a** wesentlich effizienter. So wird mit Komplex **7** bereits bei 60 °C nach 30 min. ein quantitativer Umsatz zum zyklisierten Produkt (**12b**) beobachtet (Tabelle 2, Eintrag 9). Zwar erfolgte die Hydroaminierungsreaktion nicht bei RT wie bei [La{N($SiMe_3$)$_2$}$_3$], jedoch konnte zumindest auch innerhalb der gleichen Zeit und der gleichen Reaktionsdauer das Zielmolekül erhalten werden.[52, 57]

3.2 Synthese der Iminophosphoranyl-thiophosphoranyl-methan-Komplexe mit Zink

Zinkorganyle bieten ein breites Spektrum an Anwendungsmöglichkeiten, weshalb das Interesse, Zinkkomplexe darzustellen, wuchs. Sie werden erfolgreich in organischen Synthesen als Katalysatoren wie der Copolymerisation oder Hydroaminierung eingesetzt.[9c, 20, 22] Zink-Katalysatoren weisen zwar eine geringere katalytische Aktivität als Organo-lanthanoid-Katalysatoren auf, jedoch zeigen sie eine größere Toleranz gegenüber funktionellen Gruppen im Substrat. In unserem Arbeitskreis konnten schon Zinkkomplexe mit Bis(phosphinimino)-methan- als auch Aminotroponiminat-Liganden synthetisiert werden.[58] Letztere erwiesen sich als aktive Katalysatoren für die Hydroaminierung. Auf Grund dessen sollte untersucht werden, ob neue katalytisch aktive Zink-Verbindungen des Iminophosphoranyl-thiophosphoranyl-methanid-Liganden dargestellt werden können.

3.2.1 Zinkdihalogenid-Komplexe mit Iminophosphoranyl-thiophosphoranyl-methan

Die Iminophosphoranyl-thiophosphoranyl-methan Addukte an Zinkdihalogenide lassen sich über die Umsetzung des Neutralliganden mit wasserfreiem ZnX_2 (X = Cl, I) in THF darstellen. Nach vierstündigem Rühren bei RT fällt das Produkt [{(PPh_2=$NSiMe_3$)(PPh_2=S)CH_2}ZnX_2] (X = Cl, I) als farbloser Feststoff aus. Dabei konnte eine Ausbeute von 88 % bzw. 81 % erzielt werden (Schema 20).

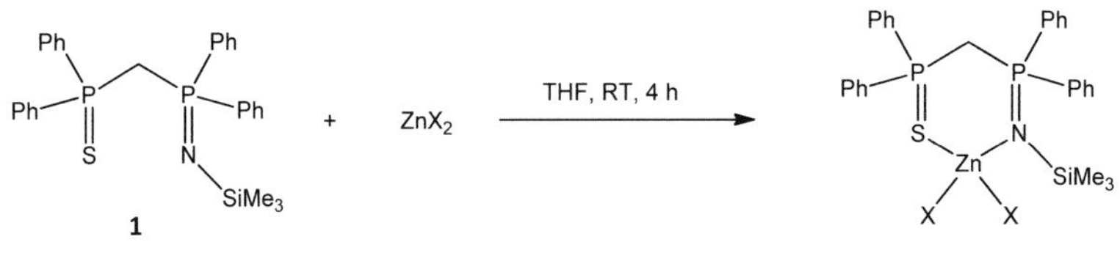

(X = Cl (**13**), I (**14**))

Schema 20: Synthese von [{(PPh_2=$NSiMe_3$)(PPh_2=S)CH_2}ZnX_2] (X = Cl, I).

Einkristalle von **13** und **14**, die für eine Röntgenkristallstrukturanalyse geeignet sind, können aus THF erhalten werden (Abbildung 6). Sie wurden in Zusammenarbeit mit Dr. Murugesapandian Balasubramanian dargestellt.

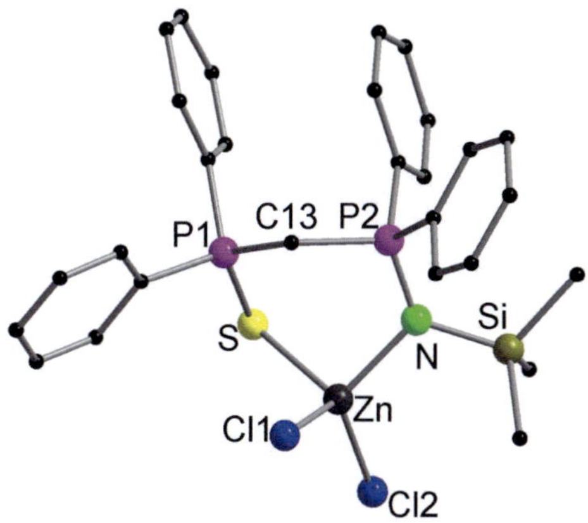

Abbildung 6: Molekülstruktur von **13** im Festkörper ohne Darstellung der Wasserstoffatome. Ausgewählte Abstände [Å] und Winkel [°]: *Zn-N 2.037(6), Zn-Cl1 2.227(2), Zn-Cl2 2.247(2), Zn-S 2.421(2), S-P1 1.983(3), P1-C13 1.819 (8), P2-N 1.591(6), P2-C13 1.8175(8); N-Zn-Cl1 116.1(2), N-Zn-Cl2 108.5(2), Cl1-Zn-Cl2 116.28(9), N-Zn-S 100.6(2), Cl1-Zn-S 104.16(8), Cl2-Zn-S 109.69(10), P1-S-Zn 97.76(10), C13-P1-S 113.5(3), N-P2-C13 111.4(3), P2-N-Zn 118.0(4), P2-C13-P1 118.7(4).*

Verbindung **13** kristallisiert in der monoklinen Raumgruppe *Cc* mit 16 Molekülen Komplex und 16 Molekülen THF in der Elementarzelle. Von den nicht koordienierenden Lösungsmitteln konnten nur zwei THF-Moleküle verfeinert werden, weshalb die Restelektronendichte weiterer Lösungsmittel mit Hilfe des SQUEEZE-Befehls in PLATON unterdrückt wurden.[59]

In einer asymmetrischen Einheit befinden sich zwei Komplexmoleküle neben zwei nicht koordinierenden THF-Molekülen. Bei der Angabe der Bindungslängen wurde ein Zahlenmittel der jeweiligen Moleküle gebildet. Das Zinkatom wird verzerrt tetraedrisch von den zwei Chloroliganden sowie der Phosphinimineinheit und dem Schwefelatom des Liganden koordiniert. Es bildet einen sechsgliedrigen Metallazyklus (Zn-S-P1-C13-P2-N) aus, der eine verzerrte Wannenkonformation aufweist. Die Zn-N-Bindung beträgt 2.037(6) Å und ist damit kürzer als der Zn-N Bindungsabstand des analogen Bis(iminophosphoranyl)methan-Komplexes.[58] Die Zn-Cl-Bindungsabstände sind mit 2.227(2) Å (Zn-Cl1) und 2.247(2) Å (Zn-Cl2) leicht unterschiedlich und liegen in dem für [{($Me_3SiNPPh_2)_2CH_2$}$ZnCl_2$] ermittelten Bereich (2.294(7) Å - 2.237(0) Å). Der Bindungswinkel S-Zn-N beträgt 100.6(2)° und ist somit um mehr als 3° kleiner als der N-Zn-N-Bindungswinkel der Bis(iminophosphoranyl)methan-Verbindung (103.97(5)°).[58]

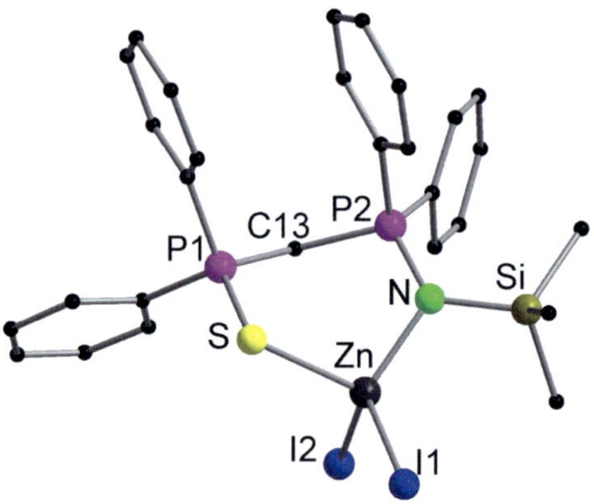

Abbildung 7: Molekülstruktur von **14** im Festkörper ohne Darstellung der Wasserstoffatome. Ausgewählte Abstände [Å] und Winkel [°]: *I1-Zn 2.5744(10), I2-Zn 2.5937(9), Zn-S 2.415(2), Zn-N 2.026(5), S-P1 1.988(2), P1-C13 1.801(6), P2-N 1.591(5), P2-C13 1.830(5), Si-N 1.770(5); I1-Zn-I2 114.27(3), S-Zn-I1 98.31(5), S-Zn-I2 111.50(5), N-Zn-I1 118.40(14), N-Zn-I2 109.46(13), N-Zn-S 103.70(15), C13-P1-S 112.5(2), N-P2-C13 111.0(3), P2-N-Zn 118.2(3), P2-N-Si 125.5(3), Si-N-Zn 115.9(3), P1 C13 P2 120.1(3).*

Von **14** können für die Einkristallröntgenstrukturanalyse geeignete Kristalle direkt aus der Reaktionslösung erhalten werden (Abbildung 7). **14** kristallisiert in der monoklinen Raumgruppe $P2_1/c$ mit 4 Molekülen Komplex und 4 Molekülen THF in der Elementarzelle. Analog zu **13** wird das Zinkatom verzerrt tetraedrisch von den zwei Iodoliganden, der einen Iminophosphoranyl- und der Thiophosphoranyl-Einheit koordiniert. Dabei wird ein sechsgliedriger (Zn-S-P1-C13-P2-N)-Metallazyklus in Wannenkonformation gebildet. Die Zn-N-Bindungslängen sind mit 2.026(5) Å nahezu identisch zu **13**. Der S-Zn-N-Bindungswinkel hat sich mit 103.70(15)° um 3° vergrößert. In **14** unterscheiden sich die Zn-I-Bindungslängen mit 2.5744(10) Å (I1-Zn) und 2.5937(9) Å (I2-Zn) ebenfalls nur geringfügig. Die Bindungslängen und –winkel sind mit denen für [{($Me_3SiNPPh_2)_2CH_2$}ZnI_2] gefundenen vergleichbar.[58] Nach Auskristallisieren des Produktes konnte dieses weder in C_6D_6, d_8-THF noch in d_6-DMSO vollständig gelöst werden. Somit können sowohl für **13** als auch für **14** keine aussagekräftigen NMR-Daten erhalten werden.

3.2.2 Synthese von [{(PPh_2=$NSiMe_3$)(PPh_2=S)CH}Zn{N($SiMe_3)_2$}]

Die Umsetzung des Neutralliganden **1** mit [Zn{N($SiMe_3)_2$}$_2$] führte nach einer Reaktionsdauer von 48 h bei 110 °C in Toluol und unter Abspaltung eines Äquivalents HN($SiMe_3)_2$ zu [{(PPh_2=$NSiMe_3$)(PPh_2=S)CH}Zn{N($SiMe_3)_2$}] (**15**) (Schema 21). Das Produkt konnte nach erfolgter Aufarbeitung aus heißem Toluol mit einer Ausbeute von 68 % erhalten werden.

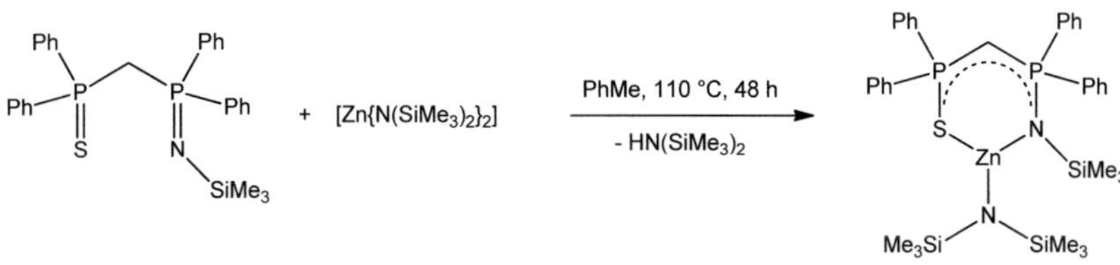

1 **15**

Schema 21: Darstellung von [{(PPh_2=$NSiMe_3$)(PPh_2=S)CH}Zn{N($SiMe_3)_2$}] **15**.

Die Verbindung **15** wurde mit standardspektroskopischen Methoden charakterisiert. Im ^{31}P{^{1}H}-NMR-Spektrum erscheinen zwei Signale bei 28.0 ppm und bei 35.0 ppm für die jeweils chemisch nicht äquivalenten Phosphoratome. Es handelt sich dabei um zwei Dubletts, die eine geminale Kopplung von 6.4 Hz aufweisen. Im ^{1}H-NMR-Spektrum ist ein Dublett von Dublett bei 2.87 ppm für das Brückenmethinproton vorzufinden, das im Vergleich zum Neutralliganden deutlich hochfeldverschoben ist (δ 3.56 ppm). Die Kopplungskonstanten betragen 3.2 Hz und 1.6 Hz (^{2}J(H,P_N) = 3.2 Hz, ^{2}J(H,P_S) = 1.6 Hz). Das Signal für die Trimethylsilylgruppe liegt bei 0.01 ppm. Das ^{13}C{^{1}H}-NMR-Spektrum weist das Signal des Brückenkohlenstoffatoms als Dublett von Dublett bei 36.9 ppm auf (^{1}J(C,P_N) = 101.4 Hz, ^{1}J(C,P_S) = 71.2 Hz). Des Weiteren bestätigen das IR-Spektrum und die Elementaranalyse die erfolgreiche Synthese des Produktes **15**. Im Festkörper IR-Spektrum wird eine intensive $\nu_{P=N}$ Absorption bei 1244 cm^{-1} beobachtet. Zusätzlich ist die charakteristische Schwingung der Phosphor-Schwefel-Doppelbindungen bei 690 cm^{-1} und die Phosphor-Phenyl Schwingung bei 1436 cm^{-1} vorzufinden. Alle Banden liegen somit im zu erwarteten Bereich und verhalten sich analog zu den vorigen Komplexen **2–14**.

Für eine Röntgenkristallstrukturanalyse geeignete Kristalle wurden aus einer heißgesättigten *n*-Heptan-Lösung erhalten (Abbildung 8).

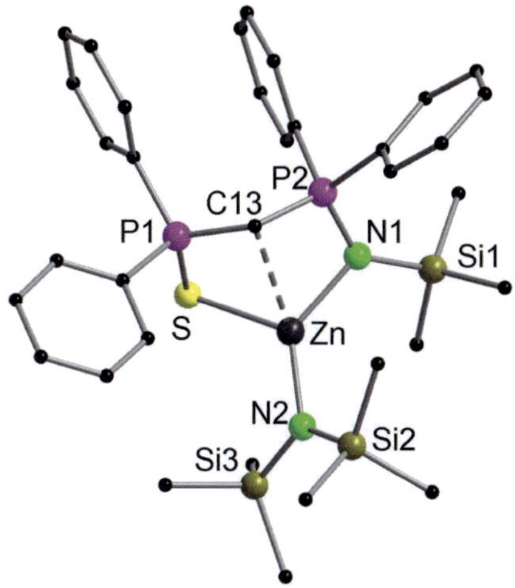

Abbildung 8: Molekülstruktur von **15** im Festkörper ohne Darstellung der Wasserstoffatome. Ausgewählte Abstände [Å] und Winkel [°]: *Zn-N1 2.016(3), Zn-N2 1.906(3), Zn-S 2.4611(14), Zn-C13 2.475(4), S-P1 2.0088(15), P1-C13 1.736 (4), P2-N1 1.601(3), P2-C13 1.751(3), Si1-N1 1.727(3); N2-Zn-N1 132.96(12), N2-Zn-S 119.40(10), N1-Zn-S 102.52(9), N2-Zn-C13 134.15(12), N1-Zn-C13 73.17(11), S-Zn-C13 76.19(9), N1-Zn-P2 34.79(8), C13-Zn-P2 38.50(8), P1-S-Zn 82.00(5), C13-P1-S 108.63(13), N1-P2-C13 107.33(2), N1-P2-Zn1 45.93(10), C13-P2-Zn 61.62(12), P2-N1-Si1 135.52(2), P2-N1-Zn 99.28(14), Si1-N1-Zn 124.81(15), P1-C13-P2 119.9(2), P1-C13-Zn1 87.18(14), P2-C13-Zn 79.88(13).*

Die Verbindung **15** kristallisiert lösungsmittelfrei in der triklinen Raumgruppe $P\bar{1}$ mit zwei Molekülen in der Elementarzelle. Durch Koordination des Stickstoffatoms der Trimethylsilylimingruppe und dem Schwefelatom wird ein sechsgliedriger S-P1-C13-P2-N1-Zn-Metallazyklus gebildet, der eine verzerrte Wannenkonformation aufweist. Zusätzlich koordiniert die $\{N(SiMe_3)_2\}^-$-Gruppe und das Brückenkohlenstoffatom C13 an das Zinkatom, wie in Abbildung 8 anhand der Festkörperstruktur zu sehen ist. Die Distanz zwischen dem Brückenkohlenstoffatom und dem Zinkatom Zn-C13 beträgt 2.475(4) Å. Dieser Abstand ist im Vergleich zum Abstand des analogen Bis(iminophosphoranyl)methanid-Zn-Komplexes um mehr als 0.5 Å kürzer.[60] Der Abstand der Zn-S-Bindung beträgt 2.4611(14) Å und der der Zn-N1-

Bindung 2.016(3) Å, womit die Bindungslängen im erwarteten Bereich liegen.[60] Der Zn-N2-Bindungsabstand beträgt 1.906(3) Å und ist nahezu identisch mit dem Bis(iminophosphoranyl)methanid-Zn-Komplex. Des Weiteren weisen die P-C13 Bindungslängen (1.736(4)-1.751(3) Å) einen geringeren Abstand gegenüber den Bindungslängen des Neutralliganden (1.820(3)-1.831(4) Å) auf, wodurch erneut die Delokalisierung der Ladung bestätigt wird.[31] Das Festkörper-IR-Spektrum und die Elementaranalyse bestätigen des Weiteren die erfolgreiche Synthese von **15**. Das IR-Spektrum weist zum einen eine intensive $\nu_{P=N}$ Absorption bei 1243 cm^{-1} und zum anderen die $\nu_{P=S}$ Absorption bei 688 cm^{-1} auf. Des Weiteren befindet sich die charakteristische Bande der Schwingung des Phosphoratoms mit dem *ipso*-Kohlenstoffatom der Phenylgruppe bei 1435 cm^{-1}. Alle Banden liegen im erwarteten Bereich.[49-50]

3.2.3 Synthese von [{(PPh_2=NSiMe_3)(PPh_2=S)CH}ZnPh]

Neben zahlreichen Versuchen neue Bis(phosphinimino)methanid-Komplexe des Zinks mittels Salzmetathesereaktionen darzustellen, wurde auch die Protolysereaktion als Syntheseweg genutzt.[58, 61] [45, 62] So konnte [{(Me_3SiNPPh_2)$_2$CH}ZnPh] (**16**) über die Reaktion des Bis(iminophosphoranyl)methan-Liganden und Diphenylzink unter Abspaltung von Benzol erfolgreich synthetisiert werden (Schema 22). [58] Entgegen der Erwartung zeigten Untersuchungen des Komplexes bezüglich der Eignung als Katalysator in der Hydroaminierung keine Aktivität.[63] Daher stellte sich die Frage, ob eine Modifikation des Grundgerüstes des Bis(iminophosphoranyl)methan-Liganden zum Iminophosphoranyl-thiophosphoranyl-methan zu einer katalytisch aktiven Spezies führt. Dazu wurde der Neutralligand **1** mittels einer Metallierungsreaktion mit Diphenylzink umgesetzt. Nach 18 h Rühren bei RT und Einengen der Lösung konnten farblose Kristalle des Produktes **16** erhalten werden.

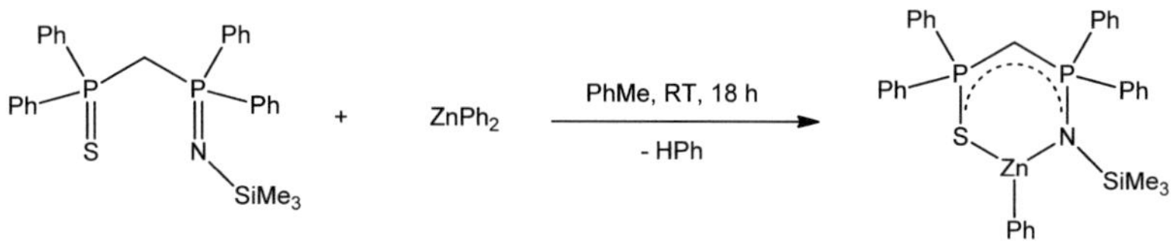

1 **16**

Schema 22: Darstellung von [{(PPh_2=$NSiMe_3$)(PPh_2=S)CH}ZnPh] (**16**).

Der Komplex **16** wurde mit standardspektroskopischen Methoden charakterisiert. Im $^{31}P\{^1H\}$-NMR-Spektrum sind zwei Signale bei 26.6 ppm und 35.5 ppm für die jeweils chemisch nicht äquivalenten Phosphoratome vorzufinden. Sie liegen im gleichen Bereich wie die Signale des vorher diskutierten Komplexes **15**. Im ^1H-NMR-Spektrum erscheint ein Dublett von Dubletts für das Brückenmethinproton bei 2.71 ppm, das im Vergleich zum Neutralliganden **1** um 0.75 ppm tieffeldverschoben ist und im gleichen Bereich wie **15** liegt.[31] Die Kopplungskonstanten betragen 3.4 Hz und 1.4 Hz ($^2J(H,P_N)$ = 3.4 Hz, $^2J(H,P_S)$ = 1.4 Hz). Des Weiteren wird ein Singulett für die Trimethylsilylgruppe bei einer chemischen Verschiebung von 0.13 ppm beobachtet. Das $^{13}C\{^1H\}$-NMR-Spektrum weist das Signal des Brückenkohlenstoffatoms als Dublett von Dubletts bei 29.2 ppm auf ($^1J(C,P_N)$ = 102.1 Hz, $^1J(C,P_S)$ = 73.3 Hz). Die chemische Verschiebung der Trimethylsilylgruppe beträgt 2.9 ppm. Damit sind beide Signale im Vergleich zu **15** hochfeldverschoben.

Für eine Röntgenstrukturanalyse geeignete Einkristalle bildeten sich während der Aufarbeitung des Reaktionsansatzes (Abbildung 9).

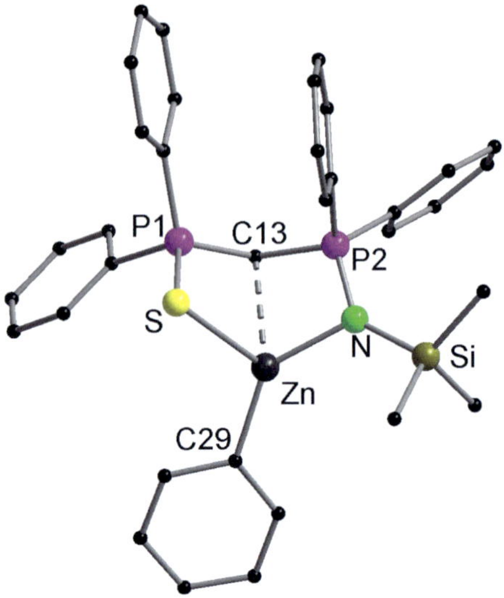

Abbildung 9: Molekülstruktur von **16** im Festkörper ohne Darstellung der Wasserstoffatome. Ausgewählte Abstände [Å] und Winkel [°]: *Zn-C29 1.963(2), Zn-S 2.6082(8), Zn-N 2.020(2), Zn-C13 2.342(2), Zn-P2 2.7206(10), S-P1 1.9974(9), P1-C13 1.740(2), P2-N 1.6010(19), P2-C13 1.757(2), Si-N 1.727(2), C29-Zn-N 136.85(9), C29-Zn-C13 133.97(9), N-Zn-C13 75.33(7), C29-Zn-S 113.05(7), N-Zn-S 103.91(6), C13-Zn-S 75.83(6), N-Zn-P2 35.76(6), C13-Zn-P2 39.72(5), P1-S-Zn 77.99(3), C13-P1-S 109.14(8), N-P2 C13 105.70(10), N-P2-Zn 47.52(7), P2-N-Si 136.08(12), P2-N-Zn 96.72(9), Si-N-Zn 127.12(10), P1-C13-P2 121.42(14), P1-C13-Zn 90.77(9), P2-C13-Zn 81.82(9).*

Die Verbindung **16** kristallisiert lösungsmittelfrei in der monoklinen Raumgruppe $P2_1/n$ mit vier Molekülen Komplex pro Elementarzelle. Das Zinkatom bildet mit dem Ligandengerüst einen sechsgliedrigen Metallazyklus (Zn-S-P1-C-P2-N), der eine verzerrte Wannen-Konformation einnimmt. Der Ligand koordiniert zum einen über den Schwefel und zum anderen über den Stickstoff der Trimethylsilyliminggruppe und den Brückenkohlenstoffatom

C13. Des Weiteren bindet eine Phenylgruppe an das Zinkatom (Abbildung 9). Das Metallzentrum ist in **16** verzerrt tetraedrisch koordiniert. Die Distanz zwischen dem Brückenkohlenstoffatom und dem Zinkatom Zn-C13 beträgt 2.342(2) Å und weist somit einen nahezu gleichen Abstand auf wie in **15**. Er ist aber um 0.581 Å deutlich kürzer als der Bindungsabstand des Brückenkohlenstoffatoms und des Zinks bei [{($Me_3SiNPPh_2)_2CH$}ZnPh], was sich mit der weniger starken repulsiven Wechselwirkung des Phenylliganden mit nur einer Trimethylsilylgruppe des Liganden begründen lässt.[58] Der Abstand der Zn-S-Bindung beträgt 2.6082(8) Å und der der Zn-N-Bindung beträgt 2.0203(2) Å, womit ebenfalls beide im erwarteten Bereich liegen und den Abständen in **15** entsprechen. Wie auch schon in den vorherigen Iminophosphoranyl-thiophosphoranyl-methanid-Komplexen diskutiert, weisen die P-C13 Bindungslängen (1.740(2) - 1.757(2) Å) einen geringeren Abstand gegenüber den Bindungslängen des Neutralliganden (1.820(3) -1.831(4) Å) auf, die auf die vorliegende Delokalisierung der Ladung im Rückgrat des Liganden zurückzuführen ist.[31] Der Bindungswinkel P1-C13-P2 beträgt 121.42(14)° und ist somit um 4.5° kleiner als der des analogen [{($Me_3SiNPPh_2)_2CH$}ZnPh] Komplexes.[58]

Des Weiteren bestätigen die Elementaranalyse und die IR-Spektroskopie die erfolgreiche Synthese des Produktes **16**. Das IR-Spektrum weist zum einen eine intensive $\nu_{P=N}$ Absorption bei 1244 cm^{-1} und zum anderen die $\nu_{P=S}$ Absorption bei 690 cm^{-1} auf. Des Weiteren befindet sich die charakteristische Bande der Schwingung des Phosphoratoms mit dem *ipso*-Kohlenstoffatom der Phenylgruppe bei 1436 cm^{-1}. Alle Banden liegen im erwarteten Bereich.[49-50]

3.2.4 Hydroaminierung mit [{(PPh_2=$NSiMe_3$)(PPh_2=S)CH}ZnPh] (16)

In Zusammenarbeit mit Larissa Hartenstein wurde die Verbindung [{(PPh_2=$NSiMe_3$)(PPh_2=S)-CH}ZnPh] **16** auf ihre Eigenschaften als Katalysator für die intramolekulare Hydroaminierung von sekundären Aminoalkenen sowie einem Aminoalkin untersucht. Die Ergebnisse sind in der folgenden Tabelle dargestellt (Tabelle 3). Die Experimente werden mit einer Katalysatorbeladung von 5 mol % und 5 mol % [$PhNMe_2H$][$B(C_6F_5)_4$] in C_6D_6 mit Ferrocen als internem Standard durchgeführt. Es handelt sich bisher um nicht reproduzierte Ergebnisse. Zwei Aminoalkene und das Aminoalkin (Tabelle 3, Eintrag 3, 5 und 7) reagieren zum Additionsprodukt bei 100 °C, wohingegen das phenylsubstituierte Aminoalken (Tabelle 3, Eintrag 1) bereits bei RT zum Produkt zyklisiert. Die Einführung funktioneller Gruppen, wie den Heterozyklen Furan und Thiophen, führt zu einem geringeren Umsatz auch bei längerer Reaktionszeit (Tabelle 3, Eintrag 2, 3 und 5). Das phenylsubstituierte Aminoalken zyklisiert bei RT innerhalb von 48 h quantitativ, während die Erhöhung der Temperatur auf 100 °C schon nach 10 h zu einem quantitativen Umsatz führt. Die beiden anderen Aminoalkene zeigen bei 100 °C nach 88 h bzw. nach 74 h einen Umsatz von 85 % und 48 %. Die Erhöhung der Temperatur auf 140 °C gewährleistet einen quantitativen bzw. nahezu quantitativen Umsatz nach bereits 18 h und 6 h (Tabelle 3, Einträge 4 und 6). Im Gegensatz dazu wird bei der intramolekularen Hydroaminierung des primären Aminoalkins eine Reaktionsdauer von 7h benötigt, um eine nahezu quantitative Ausbeute zu erhalten (Tabelle 3, Eintrag 7).

Die Verbindung **16** ist zwar ein aktiver Katalysator für die intramolekulare Hydroaminierung, jedoch benötigt **16** im Vergleich zu den Aminotroponiminat-Zink-Komplexen höhere Temperaturen und wesentlich längere Reaktionszeiten. So wird das Aminoalken **17a** von [{ATI(*i*Pr)$_2$}ZnMe] bereits bei 80 °C innerhalb von 1.5 h quantitativ zyklisiert. Auch das furanfunktionalisierte Aminoalken **18a** wird von [{ATI(*i*Pr)$_2$}ZnMe] bei lediglich 80 °C innerhalb von 6 h quantitativ umgesetzt. Jedoch lässt sich für beide Katalysatoren der Trend beobachten, dass die funktionalisierten Aminoalkene langsamer zyklisiert werden.[64]

Auch der Komplex $Zn_2Cp^*_2$, bei dem es sich formal um eine Zn(I)-Verbindung handelt, weist eine wesentlich höhere Aktivität auf als **16**. So werden die Aminoalkene **17a**-**19a** ebenfalls bei tieferen Temperaturen (40 °C bzw. 80 °C) innerhalb von 10-40 min. quantitativ umgesetzt. Jedoch ist **16** für die Zyklisierung des Aminoalkins **20a** besser geeignet, da hier bei 100 °C nach sieben Stunden ein Umsatz von 98 % erzielt wird. Die Verbindung $Zn_2Cp^*_2$ benötigt bei 80 °C 14 h für einen Umsatz von 94 %.[23a]

Im Gegensatz zu Komplex **16** zeigt der entsprechende Bis(iminophosphoranyl)komplex [{(PPh_2=$NSiMe_3$)$_2$CH}ZnPh] allerdings keine katalytische Aktivität in der intramolekularen Hydroaminierung.[63]

Tabelle 3: [{(PPh$_2$=NsiMe$_3$)(PPh$_2$=S)CH}ZnPh]-katalysierte Hydroaminierung von Aminoalkenen und einem Aminoalkin.[a]

Nr.	Substrat	Produkt	Zeit [h]	Temperatur [°C]	Umsatz [%]
1	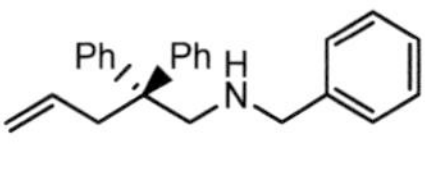 **17a**	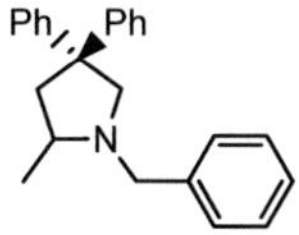 **17b**	48	RT	quant.
2			10	100	quant.
3	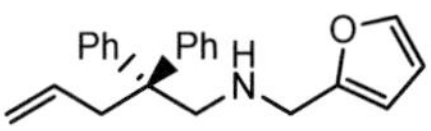 **18a**	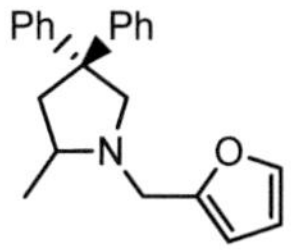 **18b**	88	100	85
4			18	140	99
5	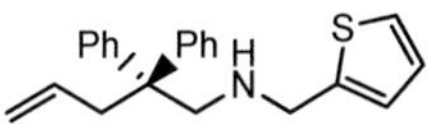 **19a**	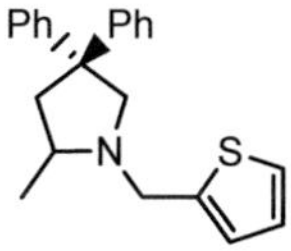 **19b**	74	100	48
6			6	140	quant.
7	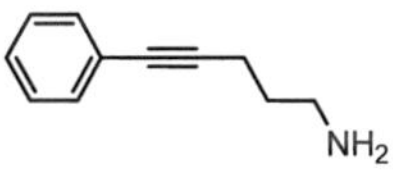 **20a**	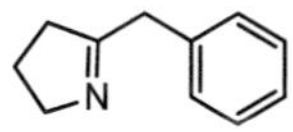 **20b**	7	100	98

[a] Reaktionsbedingungen: Substrat (0.5 mmol), 5 mol % Katalysator und 5 mol % [PhNMe$_2$H][B(C$_6$F$_5$)$_4$] in 0.5 mL C$_6$D$_6$, 100 °C. [b] mittels ^{1}H-NMR-Spektroskopie, Ferrocen als interner Standard.

3.3 Borhydrid-Komplexe als Initiatoren in der Polymerisation

3.3.1 Erdalkalimetall-Borhydrid-Komplexe als Initiatoren

In den letzten Jahren ist das Interesse an der Koordinations- und Organometallchemie der schweren Erdalkalimetalle gewachsen.[65] Das kostengünstige Calcium ist dabei besonders untersucht worden, da es nicht toxisch ist und in beträchtlichen Mengen im menschlichen Körper vorhanden ist.[66] Der synthetische Zugang zu Komplexen der schweren Erdalkalimetalle wird durch deren kinetische Labilität beeinträchtigt, da sie häufig ein Schlenk-Gleichgewicht eingehen.[67] Hierbei konnten neben Syntheserouten zu neuen Verbindungen auch deren Strukturen, Reaktivität und ihre katalytischen Eigenschaften erfolgreich untersucht werden.[68] Diese haben sich in der ringöffnenden Polymerisation (ROP) von zyklischen Estern wie ε-Caprolacton (ε-CL) und Laktid (LA) bewährt, sodass die Darstellung von Polymeren mit kontrollierter molarer Masse, Molmassenverteilung und in einigen Fällen sogar mit kontrollierter Stereochemie, ermöglicht wurde.[68d, 69] Im Gegensatz zu der auf Calcium basierenden und bereits etablierten Chemie, ist die Anwendung von Strontium-Verbindungen mit bekannter Struktur als Initiator für die ROP nur unzureichend untersucht. Neben einem noch nicht vollständig charakterisierten Aminoisopropoxyl-Strontium-Komplex wurden kürzlich auch kationische Strontiumkomplexe mit Phenoxylliganden und einige Phenoxyl-Strontiumamide in der ROP von LA untersucht.[70]

Erdalkalimetalle weisen eine große Ähnlichkeit zur Chemie der zweiwertigen Lanthanoiden auf. So haben sich Borhydridverbindungen $[Ln(BH_4)_3(thf)_3]$ und deren Derivate bereits in der ROP von zyklischen Estern und Carbonaten bewährt.[71] Eine vergleichbare Anwendung von Calcium-Borhydridverbindungen in der ROP wurde erst kürzlich zum ersten Mal durch Mountford *et al.* vorgestellt, obwohl $[Ca(BH_4)_2(thf)_2]$ (**21**) kommerziell erhältlich ist.[72] Strontium-Borhydridverbindungen sind dagegen noch weniger untersucht, wobei sowohl die Synthese als auch die Festkörperstruktur von $[Sr(BH_4)_2(thf)_2]$ (**22**) bereits 1995 beschrieben wurde.[73] Bisher wurde in der Literaur noch über keinen strukturell charakterisierten organometallischen Strontium-Borhydridkomplex berichtet.

In diesem Zusammenhang wird die Struktur und die Charakterisierung des von Dr. Sebastian Marks aus unserem Arbeitskreis erfolgreich synthetisierten Halbsandwichkomplexes $[Cp^{*}Sr(BH_4)(thf)_2]_2$ (Cp^{*} = (η^5-C_5Me_5)) (**23**) und des Bis(iminophosphoranyl)methanid-Komplexes $[\{Me_3SiNPPh_2\}_2CH\}Sr(BH_4)(thf)_2]$ (**24**) beschrieben. Die standardanalytische Charakterisierung erfolgte mittels Spektroskopie und Röntgenstrukturuntersuchung. Des Weiteren wurden der zu **24** analoge Calcium-Komplex $[\{Me_3SiNPPh_2\}_2CH\}Ca(BH_4)(thf)_2]$ (**25**) und der einleitend erwähnte homoleptische Calciumborhydrid-Komplex **21** dargestellt. **21**-**25** werden im späteren auf ihre Anwendung als Initiatoren für die ROP von ε-CL untersucht. Als Edukt für **23** und **24** wurde das literaturbekannte $[Sr(BH_4)_2(thf)_2]$ **22** verwendet, welches aus $[Sr(OEt)_2]$ und einer BH_3-Lösung in THF dargestellt wird.[73] Die anschließende Reaktion von **22** mit KCp^{*} oder $K\{(Me_3SiNPPh_2)_2CH\}$ führen zu den entsprechenden heteroleptischen Mono-Borhydridverbindungen **23** und **24** (Schema 23).

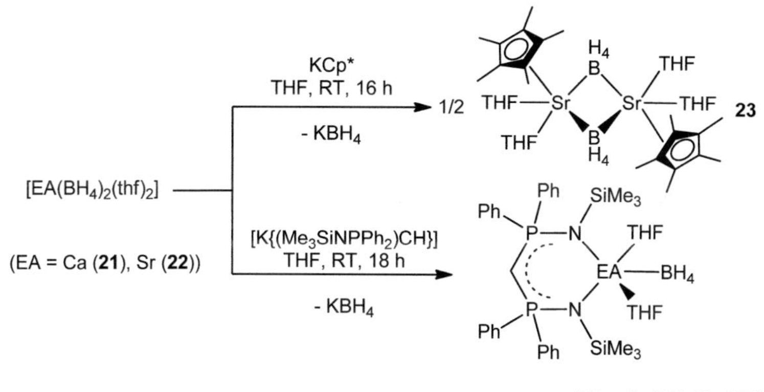

Schema 23: Synthese von Erdalkalimetall-Borhydrid-Komplexen **23**, **24** und **25**.

Die Charakterisierung der neu dargestellten Komplexe **23** und **24** erfolgte mittels ^{1}H-, $^{1}H\{^{11}B\}$-, ^{11}B-, $^{13}C\{^{1}H\}$-, $^{31}P\{^{1}H\}$-NMR und IR-Spektroskopie. Das ^{1}H-NMR-Spektrum zeigt die erwarteten chemischen Verschiebungen bei 1.98 ppm des Cp^{*}-Liganden von **23**, wobei ein breites Signal für die charakteristische chemische Verschiebung des Methinprotons des

Bis(iminophosphoranyl)methanid-Liganden bei 1.72 ppm vorzufinden ist. Die BH_4^--Gruppen weisen ein breites Quartett mit einer Kopplungskonstante von 82 Hz bei -0.15 ppm (**23**) (^1J(H,B) = 82 Hz) und bei 0.23 (**24**) ppm auf. Dabei sind beide Signale im Vergleich zur chemischen Verschiebung der BH_4^--Gruppen des Edukts **23** bei -0.30 ppm leicht tieffeldverschoben. Das ^{11}B-NMR-Spektrum weist das zu erwartende Quintett der BH_4^--Gruppen mit einer Kopplungskonstante von 82 Hz bei -34.7 ppm (**23**) (^1J(B,H) = 82 Hz) und bei -33.4 ppm (**24**) auf, die sich somit im gleichen Bereich des Signals des Edukts befinden.[73] Im ^{31}P{^{1}H}-NMR-Spektrum von **24** befindet sich ein Singulett bei 15.2 ppm für die zwei chemisch äquivalenten Phosphoratome. Dieses liegt im gleichen Bereich wie die Signale in den vergleichbaren Komplexen [{($Me_3SiNPPh_2)_2CH$}Sr] (δ 14.2 ppm) und [{($Me_3SiNPPh_2)_2CH$}SrI(thf)]$_2$ (δ 17.9 ppm).[74] Das IR-Spektrum weist im erwarteten Bereich lediglich verbreiterte Banden für die BH_4^--Gruppen und ihre Koordinationsmodi auf. Diese ließen sich jedoch aus den Röntgenkristallstrukturen ermitteln.

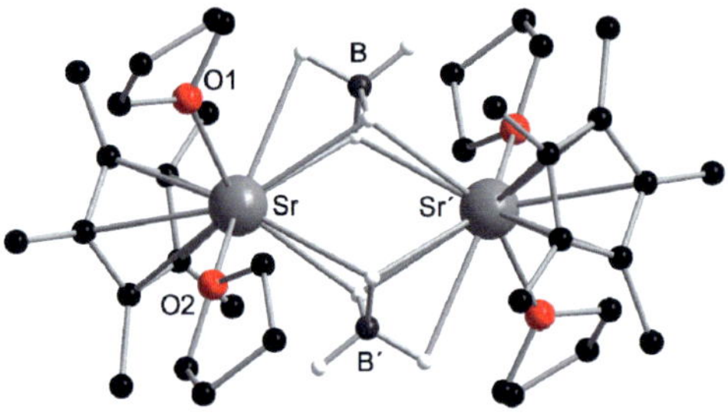

Abbildung 10: Festkörperstruktur von **23**. Aus Gründen der Übersicht sind nicht alle Wasserstoffatome abgebildet.

23 kristallisiert in der monoklinen Raumgruppe $P2_1/n$ mit zwei Komplexmolekülen in der Elementarzelle (Abbildung 10). Der Komplex liegt im Festkörper als Dimer vor und weist ein kristallographisches Inversionszentrum im Zentrum der Sr-B-Sr`-B`-Ebene auf. Die zwei Strontiumatome sind über die BH_4^--Gruppen verbrückt, wobei diese über die Wasserstoffatome in einem μ-(κ^2(H):κ^3(H)) Modus an die Metallzentren koordinieren. Es handelt sich hierbei um ein seltenes Beispiel einer Organometall-Verbindung mit verbrückenden BH_4^--

Einheiten. In der Regel tendieren BH_4^--Gruppen dazu, an elektronenarme Metalle im terminalen κ^3(H) Modus zu koordinieren.[26d, 75] Abgesehen von den polymeren Verbindungen $[M(BH_4)_2(thf)_2]$ (M = Ca, Sr, Ba) gibt es keinen vergleichbaren Bindungsmodus in Komplexen der Erdalkalimetalle. Sogar die wesentlich besser untersuchten Borhydridkomplexe der Lanthanoide weisen nur zwei durch BH_4^--Gruppen verbrückte Strukturen auf. Es handelt sich dabei um $[(\eta^8\text{-}C_8H_8)Nd(BH_4)(thf)]_2$ und $[Cp^*Sm(BH_4)(thf)_2]_2$.[38, 76] Die Struktur der Cp*Sr-Verbindung **23** ähnelt stark dem Komplex $[Cp^*Sm(BH_4)(thf)_2]_2$ und unterstreicht somit noch einmal die große Ähnlichkeit zwischen zweiwertigen Strontium- und Samarium-Verbindungen. Trotzdem ist das Strukturmotiv von Komplex **23** bislang unbekannt. Die Abstände zwischen den Strontiumatomen und dem Boratom betragen 2.880(4) Å für Sr-B und 2.950(4) Å für Sr\`-B und liegen damit in derselben Größenordnung wie in der Ausgangsverbindung **22** mit 2.960(4) Å.[73] Die Distanz zwischen dem Strontiumatom und dem Mittelpunkt des Pentamethylcyclopentadienylringes liegt mit 2.542(4) Å im Bereich der für andere Stronocenderivate gefunden wird, wie z.B. $[Cp^*_2Sr(thf)_2]$ (2.602(7) Å und 2.604(7) Å) und $[Cp^*_2(thf)SrGaCp^*]$ (2.568(10) Å und 2.575(10) Å).[77]

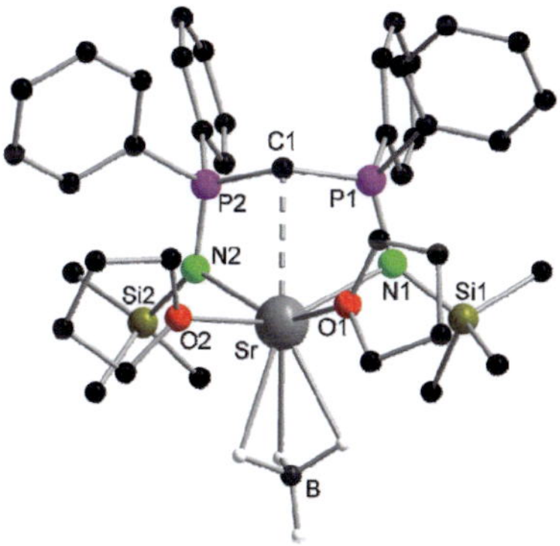

Abbildung 11: Festkörperstruktur von **24**. Aus Gründen der Übersicht sind nicht alle Wasserstoffatome abgebildet.

Komplex **24** kristallisiert als monomere Verbindung in der triklinen Raumgruppe *P* . Der Bis(iminophosphoranyl)-Ligand koordiniert chelatisierend über die zwei Trimethylsilylimino-Gruppen an das Zentralmetall, wobei ein sechsgliedriger Metallazyklus (N1-P1-C1-P2-N2-Sr) gebildet wird. Die Bindungsabstände zwischen dem Strontiumatom und den Stickstoffatomen betragen 2.624(2) Å und 2.621(2) Å. Dieses zeigt, dass der Ligand nahezu symmetrisch an das Zentralmetall koordiniert. Der Metallazyklus nimmt eine verzerrte Wannenkonformation ein, wobei das Kohlenstoffatom und das Strontiumatom über der nahezu quadratischen N_2P_2 Ebene herausragen. Der Abstand zwischen dem Brückenkohlenstoffatom C1 und dem Strontiumatom beträgt 2.879(3) Å und ist damit länger als eine gewöhnliche Strontium-Kohlenstoff-Bindung. Er entspricht jedoch den Abständen in der vergleichbaren Verbindung [{($Me_3SiNPPh_2)_2CH$}Sr] (2.866(2) Å und 2.958(3) Å), ist aber kürzer als im dimeren Iodo-Komplex [{($Me_3SiNPPh_2)_2CH$}SrI(thf)]$_2$ (2.958(3) Å).[74] Der Bindungsabstand des Strontiumatoms zu dem Boratom beträgt 2.777(4) Å und ist im Vergleich zu **23** kürzer. Dieses ist auf den terminalen κ^3(H)-Koordinationsmodus der BH_4^--Gruppe zurückzuführen.

Die Initiierung der ROP eines Lactons durch einen metallorganischen Strontium-Komplex wurde bisher noch nicht beschrieben. Während die ROP von ε-CL bisher nur mit Calciumderivaten durchgeführt wurde, sind Strontium-Verbindungen bislang nur für LA als Initiator in der Polymerisation eingesetzt worden.[70a, 70b] Des Weiteren wurden Strontiumborhydridverbindungen noch bei keiner ROP von zyklischen Estern eingesetzt. Erste Untersuchungen der katalytischen Aktivität bezüglich der ROP von ε-CL wurden in THF als Lösungsmittel durchgeführt. Die ROP verläuft nach einem Koordinations-Insertions-Mechanismus und führt zu α,ω-dihydroxytelechelen Poly-ε-caprolactonen (PCL). Dieser Mechanismus wurde bereits für Lanthanoid-Borhydridverbindungen als Initiatoren für die ROP von ε-CL detailliert untersucht.[75d-f, 78]

Der homoleptische Strontium-Borhydrid Komplex **22** erwies sich als aktiv in der ROP von ε-Cl. So konnten in THF bei 23 °C innerhalb von 60 min. PCL erhalten werden, die eine vergleichweise gute Übereinstimmung zwischen theoretischer und experimenteller molarer Masse zeigen. Mit Hilfe dieser lässt sich die Molmassenverteilung berechnen. Die molare Masse wurde dabei experimentell mittels Size Exclusion Chromatography (Mn_{SEC}) und NMR (Mn_{NMR}) bestimmt und ist anhand ausgewählter Ergebnisse tabellarisch zusammengefasst (Tabelle 4). Das Monomer/Katalysator-Verhältnis wurde variiert und jeweils die Molmassenverteilung (Mw/Mn) bestimmt. Für [$Sr(BH_4)_2(thf)_2$] **22** wurden mit einem 500/1-Molmassen/Katalysator-Verhältnis die mittlere Molmasse Mn_{SEC} von 35000 g/mol und Mn_{NMR} von 27800 g/mol mit einer Molmassenverteilung von Mw/Mn = 1.31 erreicht (Tabelle

4, Eintrag 2). Diese stimmen mit den berechneten (Mn_{theo} = 21380) verhältnismäßig gut überein. Bei gleicher Temperatur und einem 300/1-Verhältnis wurden nach 1 h PCL mit mittlerer Molmasse von Mn_{SEC} = 19100 g/mol und Mn_{NMR} = 15200 g/mol mit einer Molmassenverteilung von Mw/Mn = 1.57 erhalten (Tabelle 4, Eintrag 1). Hierbei wurde die theoretische Molmasse rechnerisch bestimmt zu Mn_{theo} = 15390 g/mol und bestätigt die experimentellen Werte. Die rechnerischen Werte beziehen sich in diesem Fall auf zwei aktive Borhydridgruppen.

Der Bis(iminophosphoranyl)borhydrid-Komplex **24** initiiert die ROP von ε-CL ebenfalls bei 23°C. Bei dem Monomer/Katalysator-Verhältnis von 300/1 konnte nach 82 min ein nahezu quantitativer Umsatz (97 %) erreicht werden (Tabelle 4, Eintrag 3). Die mittleren Molmassen Mn_{SEC} = 28400 g/mol und Mn_{NMR} = 31700 g/mol stimmen in diesem Fall mit den rechnerisch bestimmten Werten gut überein (Mn_{theo} = 33170 g/mol). Die Molmassenverteilung beträgt Mw/Mn = 1.31. Der hier vorliegende Katalysator **24** enthält nur eine funktionelle Gruppe (BH_4^-), auf die sich die rechnerischen Werte beziehen.

Auch der Cp*Sr-Komplex **23** erwies sich als katalytisch aktiv in der ROP von ε-CL. Während bei 23 °C jedoch nur Spuren von PCL erhalten werden konnten, wurde durch eine Erhöhung der Reaktionstemperatur auf bis zu 50 °C eine beträchtliche Erhöhung der katalytischen Aktivität beobachtet.

Der Komplex **23** liefert in der ROP von ε-Cl in THF bei 50 °C mit einem 300/1-Molmassen/Katalysator-Verhältnis PCL, die eine mittlere Molmasse Mn_{SEC} = 18200 g/mol und Mn_{NMR} von 20700 g/mol sowie eine Molmassenverteilung von Mw/Mn = 1.27 aufweisen (Tabelle 4, Eintrag 5). Diese stimmen mit der berechneten (Mn_{theo} = 34200 g/mol) mäßig überein. Bei gleicher Temperatur und einem Verhältnis von bis zu 800/1 konnten innerhalb von 7 h PCL mit mittleren Molmassen von Mn_{SEC} = 53600 g/mol und einer Molmassenverteilung von Mw/Mn = 1.39 erhalten werden (Tabelle 4, Eintrag 6). Auch hierbei wurde der Wert rechnerisch bestimmt (Mn_{theo} = 68400 g/mol), welcher verhältnismäßig gut mit dem experimentellen Wert übereinstimmt. Dabei handelt es sich um PCL mit der höchsten molaren Masse, das mit einem erdalkalimetallbasiertem Initiator erhalten werden konnte.

Der zu **22** analoge Ca-Komplex $[Ca(BH_4)_2(thf)_2]$ **21** initiiert die ROP von ε-CL in THF bei 23 °C. Mit einem 300/1-Molmassen/Katalysator-Verhältnis kann bereits nach 20 min ein Umsatz von 96 % erreicht werden (Tabelle 4, Eintrag 7). Die mittlere Molmasse Mn_{SEC} = 24800 g/mol stimmt in diesem Fall mit dem rechnerisch bestimmten Werten verhältnismäßig gut überein (Mn_{theo} = 16400 g/mol). Die Molmassenverteilung Mw/Mn beträgt 1.38. Des Weiteren konnte bei einem 500/1-Verhältnis ein Umsatz von 95 % mit der mittleren Molmasse Mn_{SEC} = 29800 g/mol erreicht werden (Tabelle 4, Eintrag 8). Hierbei wird eine vergleichsweise gute Übereinstimmung erreicht (Mn_{theo} = 27100 g/mol), wobei die Molmassenverteilung mit Mw/Mn = 1.40 im gleichen Bereich liegt. Der hier vorliegende Katalysator **21** enthält nur eine funktionelle Gruppe (BH_4^-), auf die sich die rechnerischen Werte beziehen. In Relation zur analogen Strontiumverbindung **22** wird ein bis zu 20 % höherer Umsatz innerhalb einer kürzeren Zeit erreicht (Tabelle 4, Eintrag 1, 2 vs. Tabelle 4, Eintrag 7, 8).

Der zu **24** analoge Ca-Borhydrid-Komplex [{$(Me_3SiNPPh_2)_2CH$}$Ca(BH_4)(thf)_2$] (**25**) initiiert die ROP von ε-CL ebenfalls bei 23 °C in THF. Bei dem Monomer/Katalysator-Verhältnis von 300/1 konnte nach 2 h 10 min ein nahezu quantitativer Umsatz (99 %) erreicht werden (Tabelle 4, Eintrag 9). Die mittlere Molmasse ist mit Mn_{SEC} = 17300 g/mol etwa halb so groß wie die berechnete von Mn_{theo} = 33900 g/mol. Die Molmassenverteilung weist einen Wert von Mw/Mn = 1.21 auf. Bei einem 500/1-Verhältnis wird unter den gleichen Reaktionsbedingungen nur ein Umsatz von 3 % erhalten. Zudem weisen auch die experimentellen und berechneten mittleren Molmassen keine Übereinstimmung auf (Tabelle 4, Eintrag 10). Im Vergleich zur analogen Strontiumverbindung **24** werden innerhalb einer fast doppelt so langen Zeit nahezu gleichhohe Ausbeuten erzielt (Tabelle 4, Eintrag 3, 4 vs. Tabelle Eintrag 9, 10).

Tabelle 4: ROP von CL (1 M) katalysiert durch $[Sr(BH_4)_2(thf)_2]$ (**22**), $[\{(Me_3SiNPPh_2)_2CH\}Sr(BH_4)(thf)_2]$ (**24**), $[Cp^*Sr(BH_4)(thf)_2]$ (**23**), $[Ca(BH_4)_2(thf)_2]$ (**21**) und $[\{(Me_3SiNPPh_2)_2CH\}Ca(BH_4)(thf)_2]$ (**25**) in THF.

Eintrag	Kat.	$[Monomer]_0$/ $[BH_4]_0$	Temperatur (°C)	Reaktions-Zeit[a]	Umsatz[b] (%)	Mn_{theo}[c] ($g\cdot mol^{-1}$)	Mn_{NMR}[d] ($g\cdot mol^{-1}$)	Mn_{SEC}[e] ($g\cdot mol^{-1}$)	Mw/ Mn[f]
1	$[Sr(BH_4)_2(thf)_2]$	300 / 1	23	1 h	90	15 390	15200	19 100	1.57
2		500 / 1	23	2 h 25 min	75	21 380	27800	35 000	1.31
3	$[\{(Me_3SiNPPh_2)_2CH\}Sr(BH_4)(thf)_2]$	300 / 1	23	1 h 22 min	97	33 170	31700	28 400	1.31
4		500 / 1	23	1 h 20 min	3	1 710	2200	2 750	1.16
5	$[Cp^*Sr(BH_4)(thf)_2]$	300 / 1	50	1.5 h	100	34 200	20700	18200	1.27
6		800 / 1	50	7 h	75	68 400	-	53600	1.39
7	$[Ca(BH_4)_2(thf)_2]$	300 / 1	23	20 min	96	16 400	-	24 800	1.38
8		500 / 1	23	1 h 50 min	95	27 100	-	29 800	1.40
9	$[\{(Me_3SiNPPh_2)_2CH\}Ca(BH_4)(thf)_2]$	300 / 1	23	2 h 10 min	99	33 900	-	17 300	1.21
10		500 / 1	23	2 h 10 min	3	1 710	-	5 150	1.12

[a] Reaktionszeit wurde nicht optimiert. [b] Umsatz des Monomers wurde mittels ^{1}H-NMR bestimmt. [c] Berechnung durch $[Monomer]_0/2[21]_0$ × Umsatz des Monomers × $M_{Monomer}$, oder durch $[Monomer]_0/[25,22]_0$ × Umsatz des Monomers. [d] Ermittlung über ^{1}H-NMR-Untersuchungen durch Vergleich der relativen Intensität der Methylenprotonen der Polymerkette mit den Methylenprotonen am Kettenende. [e] Ermittelt über SEC *vs.* Polystyrol (korrigiert um 0.56).[75c] [f] Die molare Massenverteilung wurde über SEC bestimmt.

In Zusammenarbeit mit Prof. Dr. L. Maron wurden Rechnungen auf Basis der Dichtefunktionaltheorie (DFT) zum besseren Verständnis des Mechanismus der ROP von ε-CL mit den Komplexen $[Sr(BH_4)_2(thf)_2]$ **22**, $[Cp^*Sr(BH_4)(thf)_2]_2$ **23** und $[\{(Me_3SiNPPh_2)_2CH\}Sr(BH_4)(thf)_2]$ **24** durchgeführt (Abbildung 12).

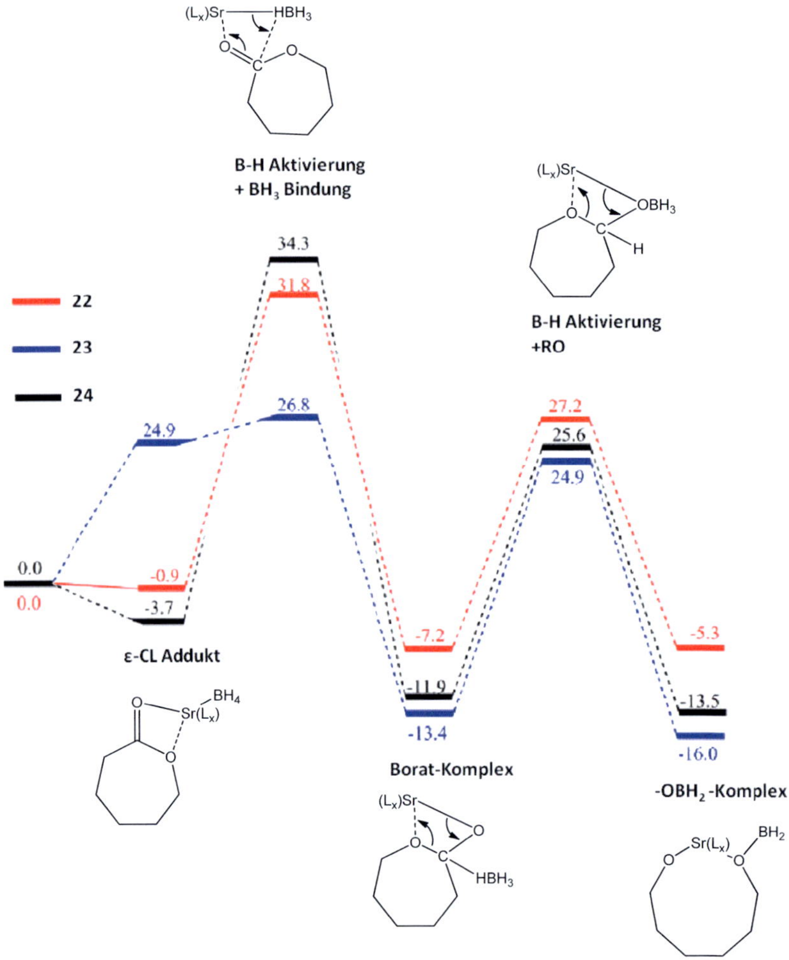

Abbildung 12: Energieschema für den Initiierungsschrit der ROP von ε-CL durch **22-24**. Die Energien sind in kcal/mol angeben.

Da es sich um eine anionische ROP handelt, erfolgt als erster Schritt die Koordination der BH_4^--Gruppe an das exozyklische Sauerstoffatom des ε-CL mit anschließender B-H-Aktivierung. Im zweiten Schritt führt die Ringöffnung zur Reduktion des Ketons. Der Reaktionsverlauf ist mit dem der literaturbekannten Lanthanoid-Komplexe vergleichbar.[26c] Sowohl für die monomeren Komplexe **22** und **24** als auch dem zweikernigen BH_4^--verbrückten Komplex **23** geht aus den Rechnungen hervor, dass der Initiierungsschritt sowohl kinetisch als auch thermodynamisch möglich ist. Dabei ist anzumerken, dass der ringöffnende Schritt im Fall von **22** geringfügig endergonisch ist. Für **22**-**24** ist die B-H-Aktivierung der geschwindigkeitsbestimmende Schritt. Die Aktivierungsenergie ist für Verbindung **23** geringer als für **22** und **24** berechnet, was sich damit erklären lässt, dass der Cp*-Ligand bessere Donoreigenschaften aufweist.[79]

4 Experimenteller Teil

4.1 Allgemeines

Arbeitstechnik

Die Handhabung sämtlicher luftempfindlicher Verbindungen erfolgte unter strengem Ausschluss von Luft und Feuchtigkeit. Dabei wurden ausgeheizte Schlenkgefäße an Hochvakuumapparaturen mit einem Endvakuum von ca. $1\cdot10^{-3}$ mbar und Gloveboxen der Firma *MBraun* verwendet. Vorrats- und Reaktionsgefäße wurden entweder über Schlauchverbindungen oder direkt über Schliffverbindungen an die Apparaturen angeschlossen, wiederholt auf Maximalvakuum evakuiert und anschließend mit Stickstoff oder Argon geflutet.

Lösungsmittel

Kohlenwasserstoffe (*n*-Pentan, *n*-Heptan, Toluol) wurden über eine Lösungsmitteltrocknungsanlage (SPS-800) der Firma *MBraun* getrocknet. Etherische Lösungsmittel (THF) wurden aus einer SPS-Anlage entnommen und nochmals über K/Benzophenonketyl unter einer Stickstoffatmosphäre destilliert. Sämtliche Lösungsmittel wurden in wiederverschließbaren Glasgefäßen unter Stickstoffatmosphäre aufbewahrt. Lösungsmittel in einer Kondensationsapparatur wurden zusätzlich über $LiAlH_4$ unter vermindertem Druck aufbewahrt und bei -78 °C direkt auf den Reaktionsansatz kondensiert. Deuterierte Lösungsmittel (C_6D_6, d_8-THF) wurden entgast und über Na/K-Legierung gelagert.

Spektroskopie/Spektrometrie

NMR-Spektren wurden auf Avance 400 bzw. Avance II 300 FT-NMR-Spektrometern der Firma *Bruker* aufgenommen. Die chemischen Verschiebungen (ppm) sind auf Tetramethylsilan (^{1}H, ^{13}C) als internem Standard referenziert. ^{31}P{^{1}H}-Spektren wurden relativ zu 85 %-iger Phosphorsäure referenziert. Die Aufnahme von IR-Spektren erfolgte an einem Tensor 37 Spektrometer der Firma *Bruker*. Massenspektren wurden auf einem MAT 8200 der Firma *Finnigan* und einem DFS der Firma *Thermo Scientific* gemessen. Elementaranalysen wurden mit einem Vario EL Micro Cube III der Firma *Elementar Analysensysteme GmbH* durchgeführt.

Darstellung der literaturbekannten Ausgangsverbindungen:

$[CH_2(PPh_2{=}NSiMe_3)(PPh_2{=}S)]$[31]

$LnCl_3$ (Ln = Dy, Er)[80]

$KN(SiHMe_2)_2$[81]

$[Ln\{N(SiHMe_2)_2\}(THF)_2]$ (Ln = Y, Sm, Er, Lu)[56]

$ZnPh_2$[18]

$[Zn\{N(SiMe_3)_2\}]$ [82]

4.2 Synthesevorschriften und Analytik

4.2.1 Darstellung des Kaliumsalzes von Iminophosphoranyl-thiophosphoranyl-methan

4.2.1.1 [K{CH(PPh_2=S)(PPh_2=$NSiMe_3$)}] (**2**)

Auf 0.17 g (4.23 mmol) KH und 1.25 g (2.49 mmol) [CH_2(PPh_2=$NSiMe_3$)(PPh_2=S)] (**1**) werden 25 mL THF kondensiert. Das Reaktionsgemisch wird 16 h unter Rückfluss erhitzt und anschließend filtriert. Das Lösungsmittel wird im Vakuum abdestilliert und im Anschluss mit 10 mL *n*-Pentan gewaschen. Blassgelbe Kristalle werden durch Kristallisation aus Toluol erhalten. – Ausbeute: 1.20 g, 2.21 mmol, 89 %.

^{1}H-NMR (300.13 MHz, THF-d_8): δ (ppm) = -0.22 (s, 9 H, Si(CH_3)$_3$), 2.23 (d, 1H, *CH*, *J*(H,P = 13.9 Hz), 7.05 (s, 12 H, *Ph*), 7.76 (m, 4 H, *Ph*), 8.13 (m, 4 H, *Ph*).

^{29}Si{^{1}H}-NMR (49.7 MHz, THF-d_8): δ (ppm) = -15.7 ppm.

^{31}P{^{1}H}-NMR (121.49 MHz, THF-d_8): δ (ppm) = 9.1 (d, *P*NSi(CH_3)$_3$, ^{2}J(P,P) = 18.0 Hz), 33.3. (d, *P*S, ^{2}J(P,P) = 18.0 Hz).

IR (ATR): ν (cm^{-1}) = 3071 (w), 3054 (w), 2946 (w), 1475 (w), 1434 (s), 1305 (w), 1247 (w), 1236 (w), 1188 (w), 1169 (s), 1098 (m), 1071 (w), 1027 (w), 1002 (w), 965 (m), 863 (m), 825 (s), 801 (m), 741 (s), 693 (vs), 667 (m), 620 (w), 591 (m), 573 (vs), 527 (s), 496 (s), 472 (m), 446 (s).

Elementaranalyse: $C_{28}H_{30}KNP_2SSi$ (541.74): berechnet: C, 62.08; H, 5.58; N, 2.59; S, 5.92; gefunden: C, 62.29; H, 5.76; N, 2.53; S, 5.86.

4.2.2 Darstellung der Lanthanoidchloride des Iminophosphoranyl-thiophosphoranyl-methanids

4.2.2.1 Allgemeine Synthesevorschrift von [{(PPh_2=$NSiMe_3$)(PPh_2=S)CH}$LnCl_2$(thf)]

Auf 0.45 mmol $LnCl_3$ und 200 mg (0.4 mmol) [K{CH(PPh_2=S)(PPh_2=$NSiMe_3$)}] werden 25 mL THF kondensiert. Das Reaktionsgemisch wird 16 h bei RT gerührt und anschließend filtriert. Das Lösungsmittel wird im Vakuum abdestilliert und im Anschluss mit 10 mL Pentan gewaschen. Umkristallisation erfolgt aus einer mit *n*-Pentan überschichteten THF-Lösung.

4.2.2.2 [{(PPh_2=$NSiMe_3$)(PPh_2=S)CH}$DyCl_2$(thf)] (**3**)

$DyCl_3$ (121 mg, 0.45 mmol). – Ausbeute: 129 mg, 0.16 mmol, 40 % farbloser Kristalle.

IR (ATR): ν (cm^{-1}) = 3054 (w), 2923 (m), 2853 (w), 1685 (w), 1541 (w), 1522 (w), 1457 (w), 1436 (s), 1305 (w), 1255 (m), 1242 (s), 1158 (w), 1114 (m), 1082 (m), 1028 (w), 999 (w), 959 (m), 832 (s), 741 (s), 724 (s), 705 (s), 690 (s), 667 (s), 633 (s), 611 (s), 590 (s), 550 (m), 538 (m), 513 (s), 490 (s), 441 (m), 414 (m).

Elementaranalyse: $C_{32}H_{38}Cl_2DyNOP_2SSi$ (736.05): berechnet C, 45.69; H, 4.11; N, 1.90, S, 4.36; gefunden: C, 46.79; H, 4.08; N, 1.49; S, 4.81.

4.2.2.3 [{(PPh_2=$NSiMe_3$)(PPh_2=S)CH}$ErCl_2$(thf)] (**4**)

$ErCl_3$ (122 mg, 0.45 mmol). – Ausbeute: 120 mg, 0.15 mmol, 37 % schwachrosaner Kristalle.

IR (ATR): ν (cm^{-1}) = 3054 (w), 2953 (w), 2855 (w), 1588 (w), 1483 (w), 1437 (s), 1312 (w), 1255 (s), 1183 (w), 1111 (w), 1064 (w), 1092 (w), 994 (w), 898 (w), 845 (m), 786 (m), 773 (m), 738 (s), 687 (s), 633 (m), 604 (m), 529 (m), 500 (s), 480 (s).

Elementaranalyse: $C_{32}H_{38}Cl_2ErNOP_2SSi$ (740.81): berechnet C, 47.28; H, 4.71; N, 1.72; S, 3.94; gefunden: C, 45.48; H, 3.87; N, 1.43; S, 4.29.

4.2.3 Darstellung der Lanthanoidsilylamide des Iminophosphoranyl-thiophosphoranyl-methanids

4.2.3.1 Allgemeine Synthesevorschrift von [{(PPh_2=$NSiMe_3$)(PPh_2=S)CH}Ln{N($SiHMe_2$)$_2$}]

Variante A: Auf 0.60 mmol [Ln{N($SiHMe_2$)$_2$}(thf)$_2$] und 300 mg (0.60 mmol) [CH_2(PPh_2=$NSiMe_3$)(PPh_2=S)] werden 15 mL Toluol kondensiert. Das Reaktionsgemisch wird für 48 h an Rückfluss erhitzt. Nach Abkühlen auf RT werden die flüchtigen Bestandteile im Vakuum entfernt. Im Anschluss werden 10 mL *n*-Pentan aufkondensiert und nach 2 h Rühren bei RT wieder im Vakuum entfernt. Farblose Kristalle werden durch Umkristallisation aus einer heißgesättigten *n*-Heptan-Lösung erhalten.

Variante B: Auf [CH(PPh_2=$NSiMe_3$)(PPh_2=S)LnCl_2(thf)] (Ln = Er) (200 mg, 0.25 mmol) and KN($SiHMe_2$)$_2$ (86 mg, 0.50 mmol) warden 15 mL THF kondensiert. Das Reaktionsgemisch wird für 16 h an Rückfluss erhitzt. Nach anschließendem Abkühlen auf RT wird das Lösungs-mittel im Vakuum entfernt, mit *n*-Pentan extrahiert und filtriert. Farblose Kristalle werden durch Umkristallisation aus einer heißgesättigten *n*-Heptan-Lösung erhalten.

4.2.3.2 [{(PPh_2=$NSiMe_3$)(PPh_2=S)CH}Y{N($SiHMe_2$)$_2$}] (**6**)

Variante A: 376 mg (0.60 mmol) [Y{N($SiHMe_2$)$_2$}(thf)$_2$] und 300 mg (0.60 mmol) [CH_2(PPh_2=$NSiMe_3$)(PPh_2=S)]. – Ausbeute: 457 mg, 0.53 mmol, 83 % farbloser Kristalle.

^{1}H-NMR (300.13 MHz, THF-d_8): δ (ppm) = -0.03 (s, 9 H, Si(CH_3)$_3$), 0.01 (br, m, 24 H, SiH(CH_3)$_2$), 2.14 (t, 1 H, *CH*, ^2J(H,P) = 0.7 Hz), 4.71 (s, br, 4 H, Si*H*(CH_3)$_2$), 6.91 (br, 2 H, P*Ph*), 7.03-7.11 (m, br, 4 H P*Ph*), 7.38 (br, 5 H, P*Ph*), 7.56-7.69 (m, br, 5 H, P*Ph*), 7.95-8.00 (m, br, 2 H, P*Ph*), 8.13 (br, 2 H, P*Ph*).

$^{31}P\{^1H\}$-NMR (121.49 MHz, THF-d_8): δ (ppm) = 20.3 (dd, *P*NSi(CH$_3$)$_3$, ^2J(P,Y) = 6.6 Hz, ^2J(P,P) = 9.2 Hz), 32.3 (dd, *P*S, ^2J(P,Y) = 5.8 Hz, ^2J(P,P) = 9.5 Hz).

$^{31}P\{^1H,^{89}Y\}$-NMR (121.49 MHz, THF-d_8): δ (ppm) = 20.6 (d, *P*NSi(CH$_3$)$_3$, ^2J(P,P) = 8.7 Hz,), 32.3 (dd, *P*S, ^2J(P,P) = 8.8 Hz).

^{89}Y-NMR (20 MHz, THF-d$_8$): δ (ppm) = 476.5 ppm.

IR (ATR): ν (cm^{-1}) = 3055 (w), 2950 (w), 2896 (w), 2111 (s), 1589 (w), 1483 (w), 1436 (s), 1300 (w), 1246 (s), 1157 (m), 1105 (m), 1066 (m), 998 (m), 895 (m), 862 (m), 827 (s), 768 (m), 741 (s), 726 (s), 706 (m), 688 (s), 649 (m), 632 (m), 613 (m), 591 (m), 551 (m), 500 (m), 482 (m).

Elementaranalyse: $C_{36}H_{58}N_3P_2SSi_5Y$ (856.21): berechnet C, 50.50; H, 6.83; N, 4.91; S, 3.74; gefunden: C, 51.00; H, 6.61; N, 4.81; S, 3.78.

4.2.3.3 [{(PPh$_2$=NSiMe$_3$)(PPh$_2$=S)CH}Sm{N(SiHMe$_2$)$_2$}] (**7**)

Variante A: 343 mg (0.50 mmol) [Sm{N(SiHMe$_2$)$_3$}(THF)$_2$] und 250 mg (0.50 mmol) [CH$_2$(PPh$_2$=NSiMe$_3$)(PPh$_2$=S)]. – Ausbeute: 422 mg, 0.46 mmol, 92 % gelber Kristalle.

$^{31}P\{^1H\}$-NMR (121.49 MHz, THF-d_8): δ (ppm) = 38.6 (s, br, *P*NSi(CH$_3$)$_3$, 45.9 (s, br, *P*S).

IR (ATR): ν (cm^{-1}) = 3055 (w), 2950 (w), 2896 (w), 2050 (s), 1924 (w), 1576 (w), 1559 (w), 1540 (w), 1482 (w), 1436 (s), 1304 (w), 1243 (m), 1158 (w), 1113 (w), 1078 (w), 1052 (w), 1028 (w), 985 (m), 943 (m), 891 (s), 829 (s), 780 (m), 762 (s), 742 (m), 734 (m), 724 (m), 690 (s), 665 (m), 632 (m), 607 (m), 589 (m), 550 (m), 513 (m), 495 (m), 437 (m), 416 (m).

Elementaranalyse: $C_{36}H_{58}N_3P_2SSi_5Sm$ (917.67): berechnet C, 47.12; H, 6.37; N, 4.58; S, 3.49; gefunden: C, 47.32; H, 6.22; N, 4.41; S, 3.49.

4.2.3.4 [{(PPh$_2$=NSiMe$_3$)(PPh$_2$=S)CH}Er{N(SiHMe$_2$)$_2$}] (**5**)

Variante A: 343 mg (0.50 mmol) [Er{N(SiHMe$_2$)$_3$}(thf)$_2$] und 250 mg (0.50 mmol) [CH$_2$(PPh$_2$=NSiMe$_3$)(PPh$_2$=S)] – Ausbeute: 262 mg, 0.28 mmol, 56 % rosaner Kristalle.

Variante B: 200 mg (0.25 mmol) [{(PPh_2=$NSiMe_3$)(PPh_2=S)CH}$ErCl_2$(thf)] and 86 mg (0.50 mmol) $KN(SiHMe_2)_2$. – Ausbeute: 140 mg, 0.15 mmol, 60 % rosaner Kristalle.

IR (ATR): ν (cm^{-1}) = 3055 (w), 2950 (w), 2851 (w), 2064 (w), 1919 (w), 1699 (w), 1685 (w), 1653 (w), 1577 (w), 1559 (w), 1541 (w), 1522 (w), 1507 (w), 1483 (w), 1437 (s), 1303 (w), 1243 (s), 1157 (w), 1112 (s), 1063 (m), 1027 (m), 997 (m), 938 (m), 892 (s), 829 (s), 782 (m), 764 (s), 742 (s), 726 (s), 689 (s), 667 (m), 632 (m), 613 (m), 591 (m), 550 (m), 512 (m), 495 (m), 482 (m), 438 (m), 419 (m).

Elementaranalyse: $C_{36}H_{58}ErN_3P_2SSi_5$ (934.56): berechnet: C, 46.27; H, 6.26; N, 4.50; S, 3.43; gefunden: C, 46.30; H, 6.35; N, 4.27; S, 3.45.

4.2.3.5 [{(PPh_2=$NSiMe_3$)(PPh_2=S)CH}Lu{$N(SiHMe_2)_2$}] (**8**)

Variante A: 55 mg (0.50 mmol) [Lu{$N(SiHMe_2)_3$}$(THF)_2$] und 250 mg (0.50 mmol) [CH_2(PPh_2=$NSiMe_3$)(PPh_2=S)]. – Ausbeute: 367 mg, 0.39 mmol, 78 % farbloser Kristalle.

^{1}H-NMR (300.13 MHz, THF-d_8): δ (ppm) = -0.31 (br, 12 H, $SiH(CH_3)_2$), 0.12 (s, 9 H, $Si(CH_3)_3$), 0.28 (br, 12 H, $SiH(CH_3)_2$), 2.18 (t, 1 H, *CH*, ^2J(H,P) =0.8 Hz), 4.46 (s, br, 2 H, $SiH(CH_3)_2$), 5.01 (s, br, 2 H, $SiH(CH_3)_2$), 6.89 (br, 2 H, P*Ph*), 7.01-7.16 (m, br, 4 H P*Ph*), 7.37 (br, 5 H, P*Ph*), 7.54-7.76 (m, br, 5 H, P*Ph*), 7.92-7.98 (m, br, 2 H, P*Ph*), 8.10 (br, 2 H, P*Ph*).

^{31}P{^{1}H}-NMR (121.49 MHz, THF-d_8): δ (ppm) = 21.3 (d, *P*$NSi(CH_3)_3$, ^2J(P,P) = 9.5 Hz), 31.4 (d, *PS*, ^2J(P,P) = 9.5 Hz).

IR (ATR): ν (cm^{-1}) = 3055 (w), 2951 (w), 2896 (w), 2075 (s), 1483 (w), 1437 (w), 1303 (w), 1243 (s), 1157 (w), 1111 (w), 1061 (w), 1027 (s), 998 (w), 980 (w), 936 (w), 891 (s), 829 (s), 783 (m), 764 (s), 742 (m), 726 (s), 703 (m), 689 (s), 668 (m), 632 (w), 615 (m), 592 (m), 550 (w), 513 (m), 497 (m), 483 (m).

Elementaranalyse: $C_{36}H_{58}LuN_3P_2SSi_5$ (942.27): berechnet: C, 45.89; H, 6.20; N, 4.46; S, 3.40; gefunden: C, 46.37; H, 6.09; N, 4.40; S, 3.25.

4.2.4 Darstellung der Zinkverbindungen des Iminophosphoranyl-thiophosphoranyl-methanids

4.2.4.1 Allgemeine Synthesevorschrift von [{(PPh_2=NSiMe_3)(PPh_2=S)CH_2}ZnX_2]

Es werden 0.5 mmol ZnX_2 (X = Cl, I) und 250 mg (0.5 mmol) {CH_2(PPh_2=NSiMe_3)(PPh_2=S)} in 10 mL THF gelöst und 4 h bei RT gerührt. Während der Reaktion bildet sich ein farbloser Niederschlag. Anschließend wird das Reaktionsgemisch durch Rückfluss erwärmt. Kristalle werden nach 24 h erhalten.

4.2.4.2 [{(PPh_2=NSiMe_3)(PPh_2=S)CH_2}ZnCl_2] (**13**)

ZnCl_2 68 mg (0.5 mmol). – Ausbeute: 282 mg, 0.44 mmol, 88 % farbloser Kristalle.

IR (ATR): ν (cm^{-1}) = 3058 (w), 2950 (w), 2908 (w), 2860 (w), 1589 (w), 1559 (w), 1507 (w), 1437 (w), 1264 (w), 1074 (w), 1029 (w), 998 (w), 839 (m), 804 (m), 794 (w), 755 (w), 735 (m), 714 (m), 690 (m), 682 (s), 670 (s), 625 (m), 587 (m), 529 (m), 504 (s), 482 (s), 474 (s), 441 (w), 419 (w), 405 (w).

Elementaranalyse: $C_{28}H_{31}Cl_2NP_2SSiZn$ (639.94): berechnet: C, 52.55; H, 4.88; N, 2.19; S, 5.01; gefunden: C, 52.05; H, 4.67; N, 2.17; S, 5.07.

4.2.4.3 [{(PPh_2=NSiMe_3)(PPh_2=S)CH_2}ZnI_2] (**14**)

ZnI_2 160 mg (0.5 mmol). – Ausbeute: 333 mg, 0.41 mmol, 81 % farbloser Kristalle.

IR (ATR): ν (cm^{-1}) = 3267 (w), 3052 (w), 2917 (w), 2858 (w), 1699 (w), 1685 (w), 1653 (w), 1576 (w), 1559 (w), 1540 (w), 1522 (w), 1507 (w), 1483 (w), 1434 (m), 1333 (w), 1311 (w), 1200 (w), 1175 (w), 1160 (w), 1103 (m), 1036 (m), 1021 (w), 996 (w), 845 (w), 806 (m), 790 (m), 752 (m), 740 (s), 730 (s), 716 (m), 685 (s), 669 (m), 617 (w), 582 (s), 560 (m), 518 (m), 495 (s), 478 (s), 455 (w), 415 (w).

Elementaranalyse: $C_{28}H_{31}I_2NP_2SSiZn$ (822.84): berechnet: C, 40.87; H, 3.80; N, 1.70; S, 3.90; gefunden: C, 40.08; H, 2.85; N, 1.67; S, 4.27.

4.2.4.4 [{(PPh_2=NSiMe$_3$)(PPh_2=S)CH}Zn{N(SiMe$_3$)}] (**15**)

Auf 230 mg (0.60 mmol) [Zn{N(SiMe$_3$)$_2$}] und 300 mg (0.60 mmol) [CH_2(PPh_2=NSiMe$_3$)(PPh_2=S)] werden 20 mL Toluol kondensiert. Das Reaktionsgemisch wird 48 h an Rückfluss erwärmt. Nach Abkühlen auf RT werden die flüchtigen Bestandteile im Vakuum entfernt. Im Anschluss werden 10 mL *n*-Pentan aufkondensiert und nach 2 h Rühren bei RT wieder im Vakuum entfernt. Farblose Kristalle werden durch Umkristallisation aus einer heißgesättigten *n*-Heptan-Lösung erhalten. – Ausbeute: 271 mg, 0.41 mmol, 68 % farbloser Kristalle.

^{1}H-NMR (300.13 MHz, THF-d_8): δ (ppm) = 0.01 (s, 9 H, Si(CH_3)$_3$), 0.05 (s, 18 H, N{Si(CH_3)$_3$}$_2$), 2.87 (dd, 1 H, C*H*, ^{2}J(H,P$_N$) = 3.2 Hz, ^{2}J(H,P$_S$) = 1.6 Hz), 7.21-7.30 (m, 8 H, *o*-P*Ph*), 7.31-7.39 (m, 4 H, *p*-P*Ph*), 7.63-7.74 (m, 8 H, *m*-P*Ph*).

^{13}C{^{1}H}-NMR (75.48 MHz, THF-d_8): δ (ppm) = 3.5 (Si(CH$_3$)$_3$), 6.1 (N{Si(CH$_3$)$_3$}$_2$), 36.9 (dd, *C*H, ^{1}J(C,P$_N$) = 101.4 Hz, ^{1}J(C,P$_S$) = 71.2 Hz), 128.8 (m, *o*-P*Ph*), 131.7 (m, *p*-P*Ph*), 132.3 (m, *m*-P*Ph*), 135.5 (m, *i*-P*Ph*).

^{31}P{^{1}H}-NMR (121.49 MHz, THF-d_8): δ (ppm) = 28.0 (d, *P*NSi(CH$_3$)$_3$, ^{2}J(P,P) = 6.4 Hz), 35.0 (d, *P*S, ^{2}J(P,P) = 6.4 Hz).

IR (ATR): ν (cm^{-1}) = 3057 (w), 2948 (w), 1699 (w), 1685 (w), 1653 (w), 1576 (w), 1559 (w), 1540 (w), 1521 (w), 1507 (w), 1484 (w), 1457 (w), 1435 (w), 1303 (m), 1243 (w), 1180 (w), 1143 (m), 1122 (m), 1110 (m), 1093 (w), 1027 (w), 984 (m), 919 (w), 880 (m), 845 (s), 829 (s), 794 (m), 764 (m), 741 (s), 725 (m), 688 (s), 667 (s), 615 (m), 591 (m), 542 (m), 513 (m), 491 (s), 465 (m), 438 (m).

Elementaranalyse: $C_{34}H_{48}N_2P_2SSi_3Zn$ (728.41): berechnet: C, 56.06; H, 6.64; N, 3.85; S, 4.40; gefunden: C, 56.06; H, 6.53; N, 3.66; S, 4.41.

4.2.4.5 [{(PPh_2=$NSiMe_3$)(PPh_2=S)CH}ZnPh] (**16**)

Es werden 110 mg (0.50 mmol) $ZnPh_2$ und 250 mg (0.50 mmol) [CH_2(PPh_2=$NSiMe_3$)(PPh_2=S)] in 20 mL Toluol gelöst und 18 h bei RT gerührt. Anschließend wird die Lösung im Vakuum eingeengt und unter Rückfluss erwärmt. Nach Abkühlen des Reaktionsgemisches werden 233 mg (0.36 mmol) farblose Kristalle als Produkt erhalten. – Ausbeute: 233 mg, 0.36 mmol, 72 %.

^{1}H-NMR (300.13 MHz, C_6D_6): δ (ppm) = 0.13 (s, 9 H, Si(CH_3)$_3$), 2.71 (dd, 1 H, *CH*, ^2J(H,P_N) = 3.4 Hz, ^2J(H,P_S) = 1.4 Hz), 6.81-6.98 (m, 12 H, *o-*, *p*-P*Ph*), 7.31 (m, 1 H, Zn-*p-Ph*), 7.43 (m, 2 H, Zn-*o-Ph*), 7.65-7.75 (m, 8 H, *m*-P*Ph*), 8.15 (m, 2 H, Zn-*m-Ph*).

^{13}C{^{1}H}-NMR (75.48 MHz, C_6D_6): δ (ppm) = 2.9 (Si(CH_3)$_3$), 29.2 (dd, *C*H, ^1J(C,P_N) = 102.1 Hz, ^1J(C,P_s) = 73.3 Hz), 126.6 (Zn-*o-Ph*), 127.8 (Zn-*p-Ph*), 130.5 (m, *o*-P*Ph*), 131.1 (m, *p*-P*Ph*), 134.7 (m, *m*-P*Ph*), 136.3 (m, *i*-P*Ph*), 139.2 (Zn-*m-Ph*), 153.2 (Zn-*i-Ph*).

^{31}P{^{1}H}-NMR (121.49 MHz, C_6D_6): δ (ppm) = 26.6 (d, *P*NSi(CH_3)$_3$, ^2J(P,P) = 8.5 Hz), 35.5 (d, *P*S, ^2J(P,P) = 8.5 Hz).

IR (ATR): ν (cm^{-1}) = 3052 (w), 2950 (w), 1734 (w), 1699 (w), 1670 (w), 1636 (w), 1576 (w), 1540 (w), 1507 (w), 1474 (w), 1436 (w), 1420 (m), 1396 (w), 1363 (w), 1299 (w), 1258 (w), 1244 (w), 1145 (w), 1127 (m), 1096 (m), 1071 (w), 1029 (w), 999 (w), 918 (w), 835 (s), 789 (m), 766 (m), 746 (m), 725 (s), 703 (s), 690 (s), 667 (m), 632 (m), 614 (m), 593 (m), 544 (m), 503 (s), 481 (s), 433 (m).

Elementaranalyse: $C_{34}H_{35}NP_2SSiZn$ (645.13): berechnet: C, 63.30; H, 5.47; N, 2.17; S, 4.97; gefunden: C, 62.29; H, 5.45; N, 2.07; S, 4.92.

4.3 Polymerisationsuntersuchungen von Erdalkali-Borhydridkomplexen

4.3.1 Allgemeine Durchführung einer ROP von ε-Caprolacton

Eine 1.0 M Lösung von **21** (12.9 mg, 49.2 µmol) in THF (13.1 mL) und CL (300 equiv. *vs.* **21**, 1.68 g, 14.8 mmol) werden in einem Schlenkkolben in einer Glovebox vorgelegt. Die Reaktionsmischung wird bei 23 °C über eine bestimmte Zeit (die Reaktionszeiten wurden nicht systematisch optimiert) gerührt. Dann wird die Reaktion durch die Zugabe eines Überschusses an Essigsäure (ca. 0.1 mL einer 16.5 mmol·L^{-1} Lösung in Toluol) abgebrochen. Die Reaktionslösung wird unter Vakuum eingeengt und der Umsatz mittels ^{1}H-NMR-Spektroskopie anhand des Rückstandes bestimmt. Das Rohprodukt des Polymers wird im Anschluss in Dichlormethan gelöst und mit kaltem Methanol oder *n*-Pentan gefällt, filtriert und unter Vakuum getrocknet. Das Polymer wird abschließend mittels NMR- und SEC-Spektroskopie analysiert.

^{1}H-NMR (400 MHz, $CDCl_3$): δ (ppm) = 1.35 (m, *J*(H,H)= 7.5 Hz, (2n + 2H), $CH_2CH_2CH_2$), 1.63 (m, *J*(H,H)= 7 Hz, (4n + 2H), $CH_2CH_2CH_2$), 2.28 (t, *J*(H,H)= 7.5 Hz, (2n + 1) H, $CH_2C(O)$), 3.62 (t, *J*(H,H) = 7 Hz, 4H, $HOCH_2$), 4.04 (t, *J*(H,H)= 7 Hz, (2n + 2) H, $C(O)OCH_2$).

4.4 Kristallstrukturuntersuchungen

4.4.1 Datensammlung und Verfeinerung

Die Bestimmung der Reflexlagen und -intensitäten erfolgte in der vorliegenden Arbeit mit Hilfe eines *STOE IPDS 2*. Beide arbeiten mit einer Mo-Anode (Mo-K_α-Strahlung; λ = 0.71073 Å) und nachgeschaltetem Graphitmonochromator. Die zu messenden Kristalle wurden mit Hilfe eines Polarisationsmikroskops unter Mineralöl ausgesucht und mit etwas Öl in einem kalten Stickstoffstrom an einem Glasfaden auf dem Goniometerkopf befestigt.

Die Strukturanalysen gliedern sich in folgende Schritte:

1. Bestimmung der Orientierungsmatrix und der Gitterkonstanten anhand der Orientierungsparameter von 500 – 1000 Reflexen im gesamten Messbereich aus mehreren Aufnahmen.

2. Bestimmung der Reflexintensitäten durch Anpassen der Integrationsbedingungen an das gemittelte Reflexprofil und anschließendes Auslesen aller Aufnahmen.

3. Datenreduktion und Korrekturen durch Lorentz- und Polarisationsfaktorkorrektur.

4. Die Strukturbestimmung wurde mit den Programmen *SHELXS,*[83] *SHELXL,*[84] *WinGX32*[85], *X-STEP32*[86] und *Olex2*[87] auf einem *Intel Centrino Duo* PC durchgeführt. Die Lösung der Kristallstrukturen erfolgte mittels direkter oder Patterson Methoden und anschließenden Differenzfouriersynthesen; Optimierung der Atomparameter durch Verfeinerung nach der Methode der kleinsten Fehlerquadrate gegen F_0^2 für die gesamte Matrix.

5. Zur Erstellung von Molekülbildern wurde das Programm *Diamond 3.2g* verwendet.[88]

4.4.2 Daten zu den Kristallstrukturanalysen

4.4.2.1 [K{CH(PPh$_2$=NSiMe$_3$)(PPh$_2$=S)}] (**2**)

Summenformel	$C_{56}H_{60}N_2Si_2P_4S_2K_2$
Molare Masse/g·mol^{-1}	1083.44
Kristallsystem,	monoklin
Raumgruppe	$P2_1/n$
a/Å, b/Å, c/Å	11.581(2), 14.317(3), 16.772(3)
β/°	97.55(3)
Zellvolumen/Å^3	2756.8(10)
Messtemperatur/K	150(2)
Z	2
Absorptionskoeffizent, μ/mm^{-1}	0.446
Gemessene Reflexe	20093
Unabhängige Reflexe	5844
R_{int}	0.0931
R_1	0.0442
wR_2	0.0708
GooF	0.799

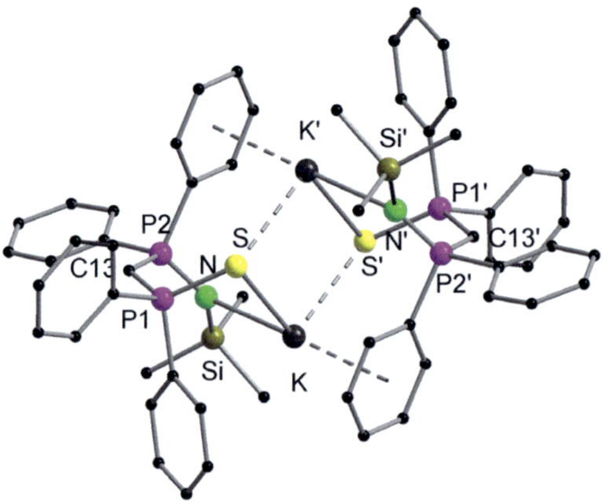

4.4.2.2 [{(PPh_2=$NSiMe_3$)(PPh_2=S)CH}$DyCl_2$(thf)] (**3**)

Summenformel	$C_{32}H_{38}Cl_2DyNOP_2SSi$
Molare Masse/g·mol^{-1}	808.12
Kristallsystem,	monoklin
Raumgruppe	$P2_1/c$
a/Å, b/Å, c/Å	9.779(2), 33.785(7), 11.572(2)
β/°	111.63(3)
Zellvolumen/Å^3	3553.9(12)
Messemperatur/K	200(2)
Z	4
Absorptionskoeefizient, μ/mm^{-1}	2.460
Gemessene Reflexe	28569
Unabhängige Reflexe	9560
R_{int}	0.0605
R_1	0.0408
wR_2	0.1059
GooF	1.066

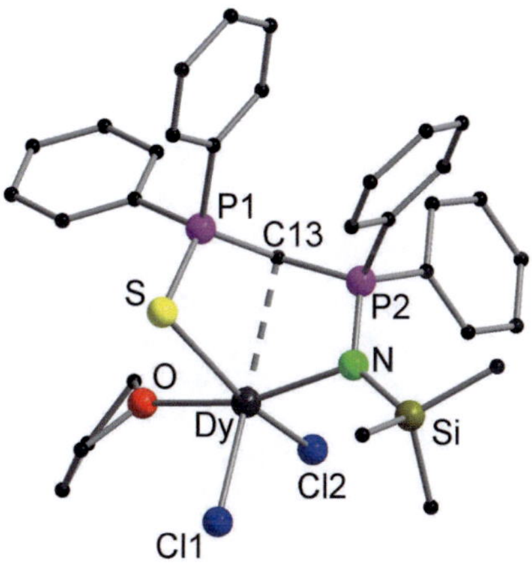

4.4.2.3 [{(PPh_2=$NSiMe_3$)(PPh_2=S)CH}$ErCl_2$(thf)] (**4**)

Summenformel	$C_{32}H_{38}Cl_2ErNOP_2SSi$
Molare Masse/g·mol^{-1}	812.88
Kristallsystem,	monoklin
Raumgruppe	$P2_1/c$
a/Å, b/Å, c/Å	9.747(2), 33.741(7), 11.560(2)
β/°	111.60(3)
Zellvolumen/Å^3	3535.0(12)
Messtemperatur/K	200(2)
Z	4
Absorptionskoeffizient, μ/mm^{-1}	2.734
Gemessene Reflexe	60193
Unabhängige Reflexe	7516
R_{int}	0.0868
R_1	0.0314
wR_2	0.0616
GooF	0.974

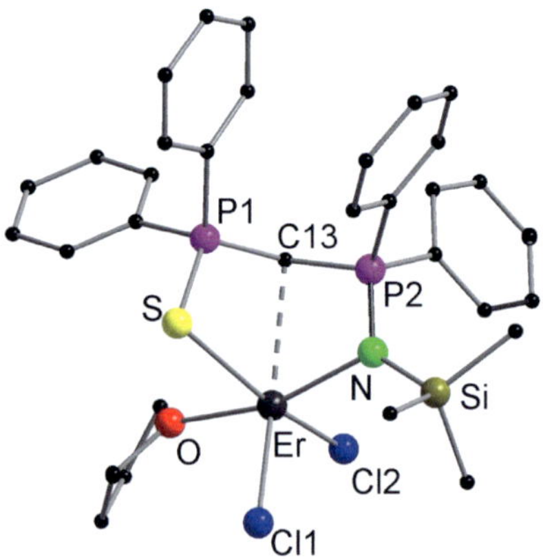

4.4.2.4 [{(PPh$_2$=NSiMe$_3$)(PPh$_2$=S)CH}Er{N(SiHMe$_2$)$_2$}$_2$] (**5**)

Summenformel	$C_{36}H_{58}ErN_3P_2SSi_5$
Molare Masse/g·mol^{-1}	934.56
Kristallsystem,	monoklin
Raumgruppe	$P2_1$
a/Å, *b*/Å, *c*/Å	17.968(4), 18.090(4), 28.222(6)
β/°	92.42(3)
Zellvolumen/Å^3	9165(3)
Messtemperatur/K	150(2)
Z	8
Absorptionkoeffizeient, *μ*/mm^{-1}	2.105
Gemessene Reflexe	33581
Unabhängige Reflexe	33233
R_{int}	0.0371
R_1	0.0467
wR_2	0.1121
GooF	0.806
Flack	0.00(15)

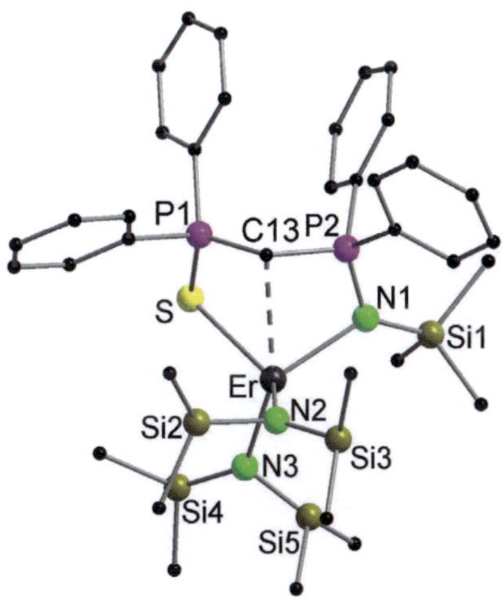

4.4.2.5 [{(PPh$_2$=NSiMe$_3$)(PPh$_2$=S)CH}Y{N(SiHMe$_2$)$_2$}$_2$] (**6**)

Summenformel	$C_{36}H_{58}N_3P_2SSi_5Y$
Molare Masse/g·mol^{-1}	856.21
Kristallsystem,	monoklin
Raumgruppe	$P2_1$
a/Å, b/Å, c/Å	17.944(4), 18.100(4), 28.284(6)
β/°	92.47(3)
Zellvolumen/Å^3	9178(3)
Messtemperatur/K	150(2)
Z	8
Absorptionskoeffizient, μ/mm^{-1}	1.544
Gemessene Reflexe	132212
Unabhängige Reflexe	33629
R_{int}	0.1736
R_1	0.0716
wR_2	0.1482
GooF	0.967
Flack	0.00(15)

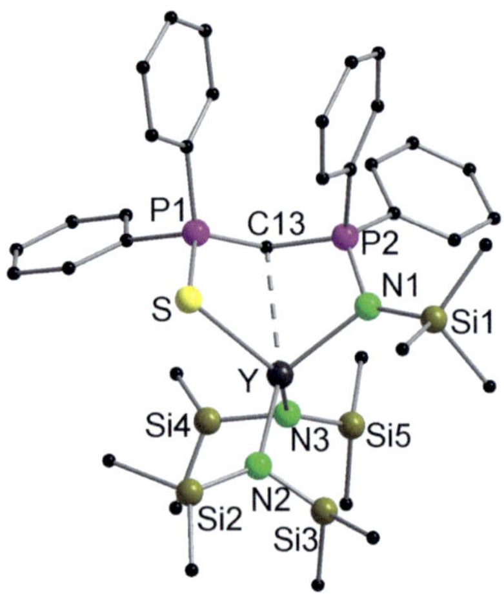

4.4.2.6 [{(PPh_2=$NSiMe_3$)(PPh_2=S)CH}Sm{N($SiHMe_2$)$_2$}$_2$] (**7**)

Summenformel	$C_{36}H_{58}N_3P_2SSi_5Sm$
Molare Masse/g·mol^{-1}	917.65
Kristallsystem,	monoklin
Raumgruppe	*P*2$_1$/c
a/Å, *b*/Å, *c*/Å	18.106(4), 18.311(4), 28.506(6)
β/°	92.61(3)
Zellvolumen/Å^3	9441(3)
Messtemperatur/K	200(2)
Z	8
Absorptionskoeffizient, µ/mm^{-1}	1.509
Gemessene Reflexe	71124
Unabhängige Reflexe	20022
R_{int}	0.1148
R_1	0.0820
wR_2	0.1412
GooF	0.9617

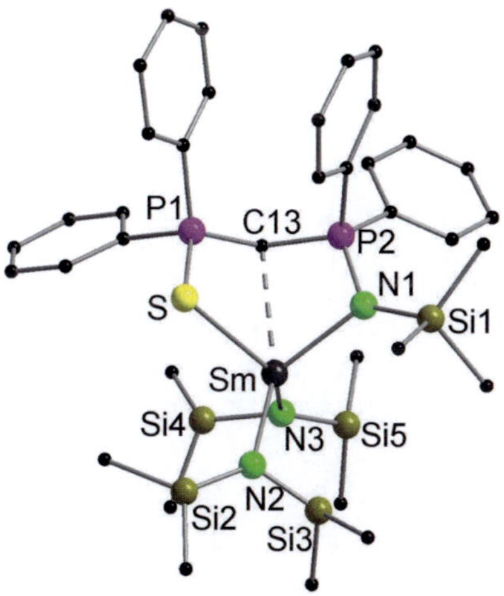

4.4.2.7 [{(PPh_2=$NSiMe_3$)(PPh_2=S)CH}Lu{N($SiHMe_2$)$_2$}$_2$] (**8**)

Summenformel	$C_{36}H_{58}N_3P_2SSi_5Lu$
Molare Masse/g·mol^{-1}	942.28
Kristallsystem,	monoklin
Raumgruppe	$P2_1/c$
a/Å, *b*/Å, *c*/Å	18.004(4), 18.155(4), 28.299(6)
β/°	92.60(3)
Zellvolumen/Å	9241(3)
Messtemperatur/K	200(2)
Z	8
Absorptionskoeffizient, µ/mm^{-1}	2.408
Gemessene Reflexe	274813
Unabhängige Reflexe	49892
R_{int}	0.1030
R1	0.0867
wR2	0.2067
GooF	1.100

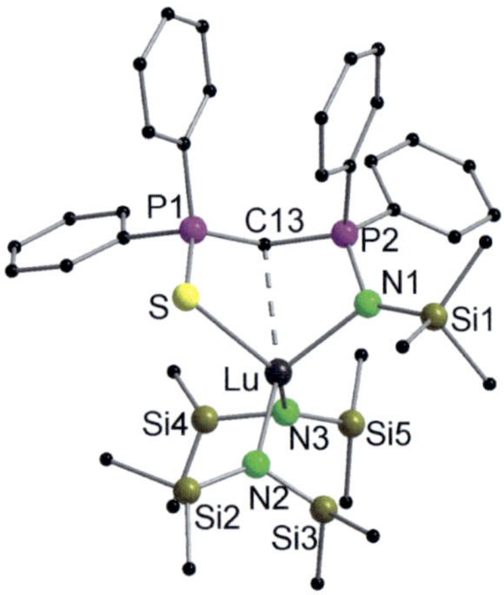

4.4.2.8 [{(PPh_2=$NSiMe_3$)(PPh_2=S)CH_2}$ZnCl_2$] (**13**)

Summenformel	$C_{32}H_{39}Cl_2NOP_2SSiZn$
Molare Masse/g·mol^{-1}	712.00
Kristallsystem,	monoklin
Raumgruppe	*Cc*
a/Å, *b*/Å, *c*/Å	26.897(5), 18.781(4), 17.599(4)
β/°	91.12(3)
Zellvolumen/Å^3	8889(3)
Messtemperatur/K	200(2)
Z	8
Absorptionskoeffizient, *μ*/mm^{-1}	0.839
Gemessene Reflexe	31882
Unabhängige Reflexe	16220
R_{int}	0.0615
R_1	0.0762
wR_2	0.2177
GooF	1.045

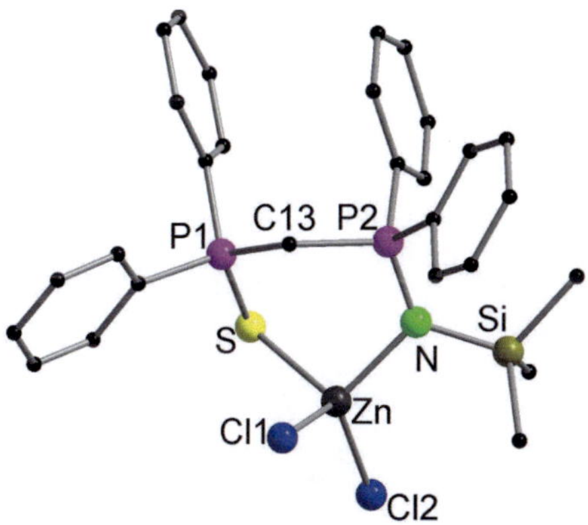

4.4.2.9 [{(PPh_2=$NSiMe_3$)(PPh_2=S)CH_2}ZnI_2] (**14**)

Summenformel	2($C_{28}H_{31}I_2NP_2SSiZn$) · C_4H_8O
Molare Masse/g·mol^{-1}	1717.70
Kristallsystem,	monoklin
Raumgruppe	$P2_1/c$
a/Å, *b*/Å, *c*/Å	18.130(4), 18.028(4), 22.600(5)
β/°	113.09(3)
Zellvolumen/Å^3	6795(2)
Messetemperatur/K	150(2)
Z	4
Absorptionskoeffizient, *μ*/mm^{-1}	2.753
Gemessene Reflexe	69485
Unabhängige Reflexe	18295
R_{int}	0.1428
R_1	0.0548
wR_2	0.1273
GooF	0.890

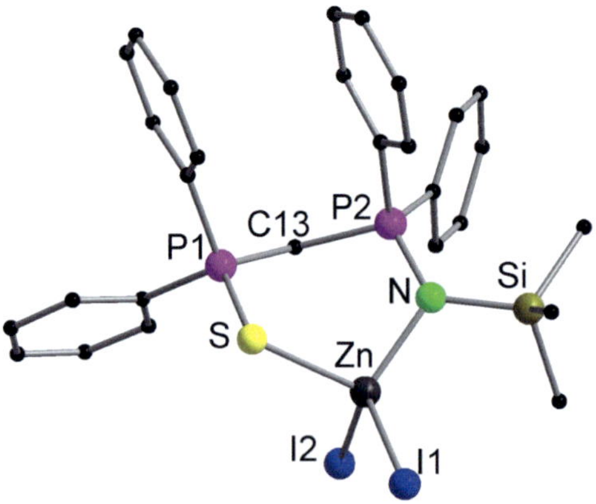

4.4.2.10 [{(PPh_2=$NSiMe_3$)(PPh_2=S)CH}Zn{N($SiMe_3$)$_2$}] (**15**)

Summenformel	$C_{34}H_{48}N_2P_2SSi_3Zn$
Molare Masse/g·mol^{-1}	728.38
Kristallsystem,	triklin
Raumgruppe	$P\bar{1}$
a/Å, *b*/Å, *c*/Å	10.037(2), 14.128(3), 14.322(3)
β/°	94.03(3)
Zellvolumen/Å^3	1966.4(7)
Messtemperatur/K	200(2)
Z	2
Absorptionskoeffizient, *μ*/mm^{-1}	0.875
Gemessene Reflexe	13325
Unabhängige Reflexe	7136
R_{int}	0.0672
R_1	0.0436
wR_2	0.0948
GooF	0.854

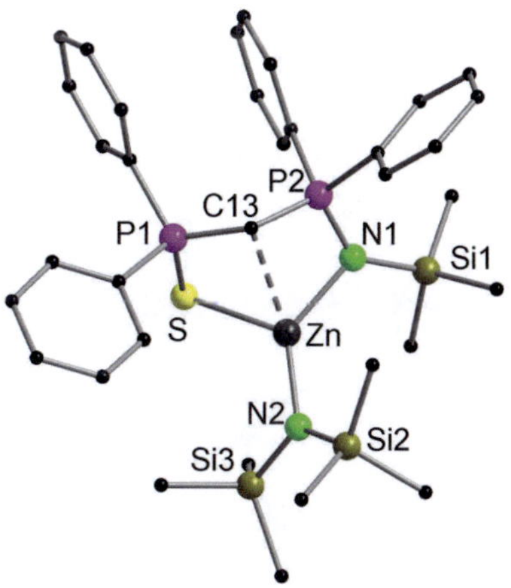

4.4.2.11 [{(PPh_2=$NSiMe_3$)(PPh_2=S)CH}ZnPh] (**16**)

Summenformel	C34H35NP2SSiZn
Molare Masse/g·mol^{-1}	645.09
Kristallsystem,	Monoklin
Raumgruppe	$P2_1/n$
a/Å, *b*/Å, *c*/Å	9.320(2), 17.158(3), 20.277(4)
β/°	98.06(3)
Zellvolumen/Å^3	3210.5(11)
Messemperatur/K	200(3)
Z	4
Absorptionskoeffizient, μ/mm^{-1}	0.99
Gemessene Reflexe	30328
Unabhängige Reflexe	8661
R_{int}	0.0799
R_1	0.0407
wR_2	0.0726
GooF	0.814

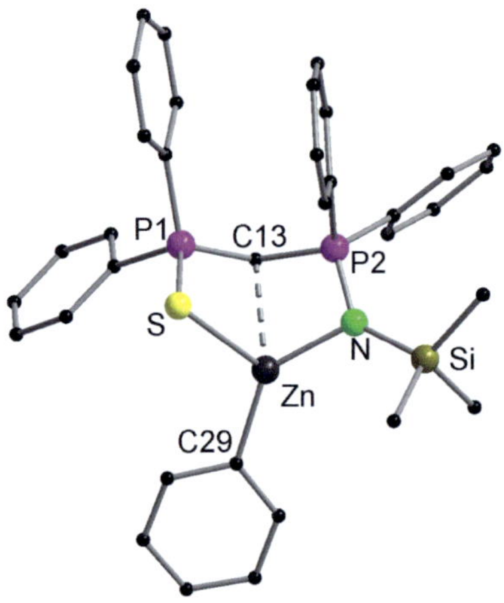

5 Zusammenfassung

5.1 Zusammenfassung

Lanthanoidkomplexe mit Stickstoffdonorliganden zeigen hohe Aktivitäten als Katalysatoren in der homogenen Hydroaminierungskatalyse oder Polymerisationsreaktionen. Sie sind Gegenstand intensiver Forschung. Die Synthese des Iminiophosphoranyl-thiophosphoranylmethans stellt ein neues Ligandensystem dar, das in der vorliegenden Dissertation in die Koordinationschemie der Lanthanoide und des Zinks eingeführt wurde.

In der ersten Phase der Arbeit wurden neuartige Amidokomplexe der Zusammensetzung $[\{(PPh_2{=}NSiMe_3)(PPh_2{=}S)CH\}Ln\{N(SiHMe_2)_2\}]$ (Ln = Y, Sm, Er und Lu) über zwei unterschiedliche Syntheserouten dargestellt (Abbildung I). Zum einen erfolgte die Synthese über eine Amineliminierungsreaktion durch Umsetzung der Seltenerdamide $[Ln\{N(SiHMe_2)_2\}_3(thf)_2]$ (Ln = Y, Sm, Er und Lu) mit dem Iminophosphoranyl-thiophosphoranyl-methan. Zum anderen war alternativ der Reaktionsweg über eine Salzmetathese ausgehend von $[\{(PPh_2{=}NSiMe_3)(PPh_2{=}S)CH\}ErCl_2(thf)]$ und $KN(SiHMe_2)_2$ möglich. Dazu wurde zunächst die Kaliumverbindung $[K\{CH(PPh_2{=}NSiMe_3)(PPh_2{=}S)\}]$ über eine Metallierungsreaktion von $[CH_2(PPh_2{=}NSiMe_3)(PPh_2{=}S)]$ synthetisiert. Auf Grund bestehender Erfahrungen mit unerwünschten Nebenprodukten bei der Verwendung von Transferreagenzien auf Lithiumbasis wurde das Kaliumsalz im Gegensatz zur literaturbekannten Lithiumspezies bevorzugt in der Folgechemie eingesetzt.

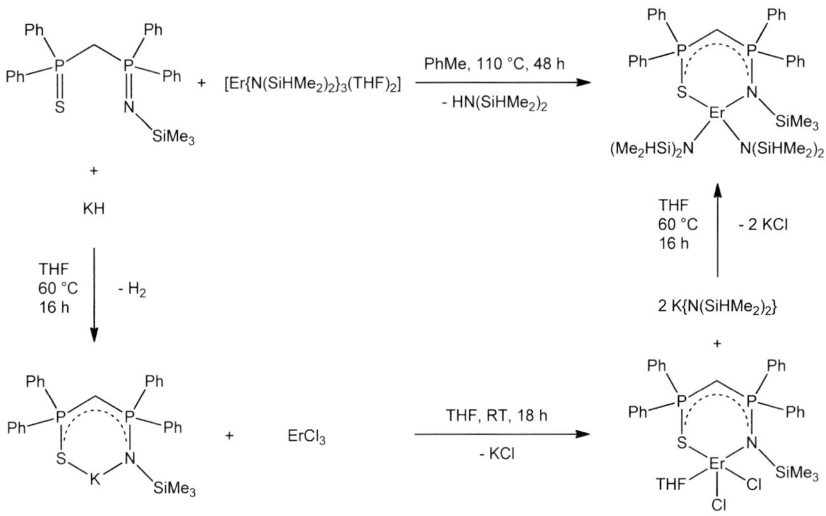

Abbildung I: Synthesewege zum Amidokomplex $[\{(PPh_2{=}NSiMe_3)(PPh_2{=}S)CH\}Er\{N(SiHMe_2)_2\}_2]$.

Die Amidokomplexe $[\{(PPh_2{=}NSiMe_3)(PPh_2{=}S)CH\}Ln\{N(SiHMe_2)_2\}_2]$ (Ln = Y, Sm und Lu) wurden in Zusammenarbeit mit Dr. Anja Lühl und Larissa Hartenstein aus unserer Arbeitsgruppe auf ihre Wirksamkeit als Hydroaminierungskatalysatoren untersucht. Die Auswertung der Daten ergab keine einheitliche Abhängigkeit der Zyklisierungsgeschwindigkeit in Abhängigkeit vom Ionenradius des Zentralatoms.

Im weiteren Teil der Arbeit wurden Zinkorganyle von $[CH_2(PPh_2{=}NSiMe_3)(PPh_2{=}S)]$ synthetisiert. Während Organolanthanoid-Katalysatoren vorwiegend eine hohe Aktivität aufweisen, sind sie nicht sehr tolerant gegenüber funktionellen Gruppen im Substrat. Zink-Katalysatoren gelten dagegen in der Regel als geringfügiger aktiv, erlauben aber häufig eine Vielzahl unterschiedlicher funktioneller Gruppen.

Neben den Zinkhalogenid-Verbindungen $[\{(PPh_2{=}NSiMe_3)(PPh_2{=}S)CH_2\}ZnCl_2]$ und $[\{(PPh_2{=}NSiMe_3)(PPh_2{=}S)CH_2\}ZnI_2]$ konnten die katalyserelevanten Zink-Komplexe

[{(PPh_2=$NSiMe_3$)(PPh_2=S)CH}Zn{N($SiMe_3$)$_2$}] und [{(PPh_2=$NSiMe_3$)(PPh_2=S)CH}ZnPh] dargestellt werden (Abbildung II). [{(PPh_2=$NSiMe_3$)(PPh_2=S)CH_2}ZnX_2] (X = Cl, I) wurde durch Umsetzung des Neutralliganden mit ZnX_2 erhalten. [{(PPh_2=$NSiMe_3$)(PPh_2=S)CH_2}ZnPh] und [{(PPh_2=$NSiMe_3$)(PPh_2=S)CH}Zn{N($SiMe_3$)$_2$}] konnten über eine Metallierungsreaktion des Neutralliganden mit [Zn{N($SiMe_3$)$_2$}$_2$] und $ZnPh_2$ erhalten werden.

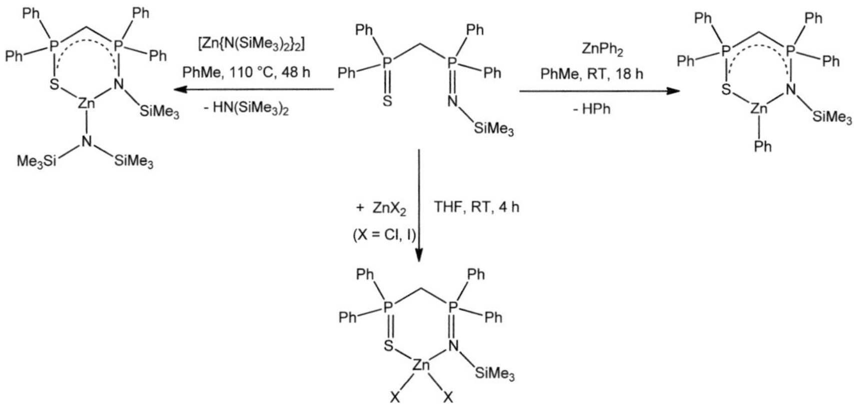

Abbildung II: Synthese von Zinkorganylen.

Auf Grund der bereits bewährten Katalysator-Komplexe mit einer Phenyl-Abgangsgruppe, wurde [{(PPh_2=$NSiMe_3$)(PPh_2=S)CH}ZnPh] in Kooperation mit Larissa Hartenstein auf seine Aktivität als Hydroaminierungskatalysator von sekundären Aminoalkenen sowie einem Aminoalkin untersucht (Abbildung III). Als Cokatalysator wurde hierbei [$PhNMe_2H$][B(C_6F_5)$_4$] verwendet. Die Auswertung der Daten zeigte einen nahezu quantitativen Umsatz der Substrate.

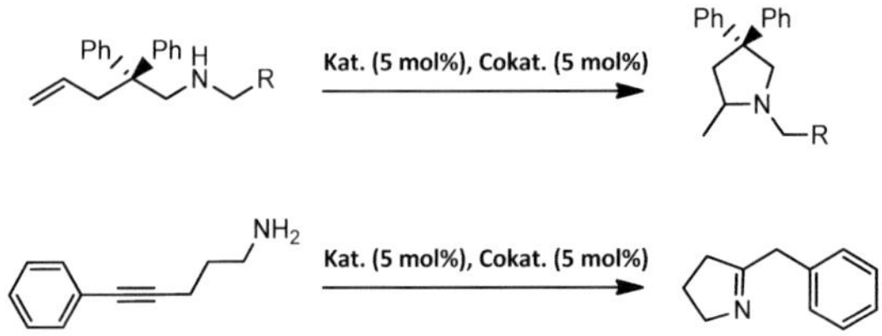

Abbildung III: [{(PPh$_2$=NSiMe$_3$)(PPh$_2$=S)CH}ZnPh]-katalysierte Hydroaminierung von Aminoalkenen und einem Aminoalkin.

In Kooperation mit Dr. Sophie M. Guillaume wurden im Rahmen eines Forschungsaufenthaltes an der Université Rennes 1 Erdalkaliborhydridkomplexe der Zusammensetzung [EA(BH$_4$)$_2$(thf)$_2$], [Cp*Sr(BH$_4$)(thf)$_2$]$_2$ und [{Me$_3$SiNPPh$_2$)$_2$CH}EA(BH$_4$)(thf)$_2$]-Komplexe (EA = Ca, Sr) auf ihre Fähigkeit als Initiatoren bei der Polymerisation von ε-Caprolacton zu fungieren, untersucht. Sie erwiesen sich als katalytisch aktiv und initiieren die ringöffnende Polymerisation. Die Werte für die theoretisch und experimentell bestimmten mittleren Molmassen zeigten eine relativ gute Übereinstimmung. Mit dem Cp*Sr-Borhydridkomplex wurden Poly-ε-caprolactonen mit der höchsten molaren Masse unter Verwendung eines erdalkalimetallbasierten Initiators erhalten. In Kooperation mit Prof. Dr. Laurent Maron wurde zudem der Mechanismus der Polymerisation über quantenchemische Rechnungen verifiziert.

5.2 Summary

Lanthanide complexes with nitrogen donor ligands have been investigated intensively as highly active catalysts for homogeneous hydroamination catalysis or polymerization reactions. The synthesis of iminophosphoranyl-thiophosphoranyl-methane has provided a new ligand system.

The goal of this dissertation is to study the coordination chemistry of lanthanides and zinc complexes of the ligand.

Novel amido complexes with the general composition of $[\{(PPh_2{=}NSiMe_3)(PPh_2{=}S)CH\}Ln\{N(SiHMe_2)_2\}_2]$ (Ln = Y, Sm, Er and Lu) were prepared by two different synthetic pathways (figure I). The first pathway was carried out by an amine elimination reaction between the rare earth amide $[Ln\{N(SiHMe_2)_2\}_3(thf)_2]$ (Ln = Y, Sm, Er und Lu) and iminophosphoranyl-thiophosphoranyl-methane. An alternative synthetic pathway was performed by salt metathesis starting from $[\{(PPh_2{=}NSiMe_3)(PPh_2{=}S)CH\}ErCl_2(thf)]$ and $KN(SiHMe_2)_2$. The potassium compound $[K\{CH(PPh_2{=}NSiMe_3)(PPh_2{=}S)\}]$ was synthesized by the metallation reaction of $[CH_2(PPh_2{=}NSiMe_3)(PPh_2{=}S)]$. Due to the side-products problems from the experiment with transfer reagents based on lithium, the potassium salt $[K\{CH(PPh_2{=}NSiMe_3)(PPh_2{=}S)\}]$ was used preferentially for subsequent reactions rather than the literature known lithium species.

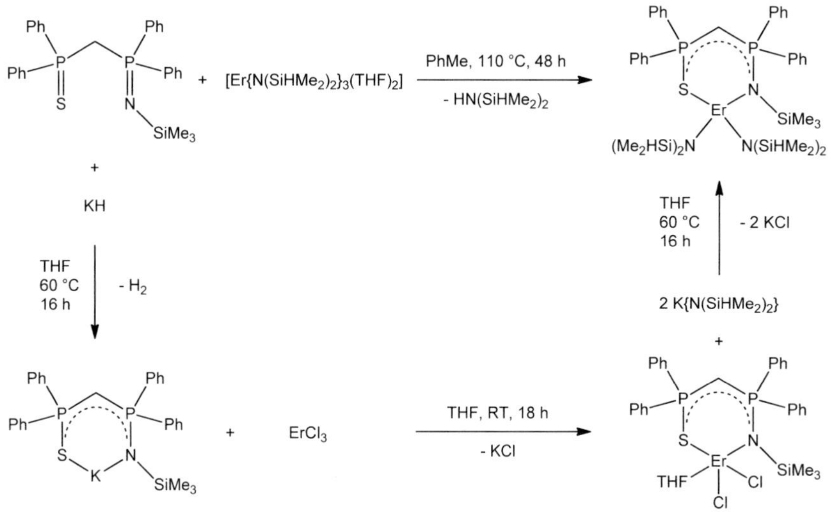

Figure I: Synthetic pathways to amido complexe $[\{(PPh_2{=}NSiMe_3)(PPh_2{=}S)CH\}Er\{N(SiHMe_2)_2\}_2]$.

The amido complexes $[\{(PPh_2{=}NSiMe_3)(PPh_2{=}S)CH\}Ln\{N(SiHMe_2)_2\}_2]$ (Ln = Y, Sm, Lu) were investigated as hydroamination catalysts in cooperation with Dr. Anja Lühl and Larissa Hartenstein in our working group. Organolanthanide based complexes showed a high catalytic activity, but little tolerance towards functional groups of substrates. The evaluation of the obtained data did not reveal a consistent relationship of the rate of cyclization and the ionic radius of the metal center.

Zinc organyls of $[CH_2(PPh_2{=}NSiMe_3)(PPh_2{=}S)]$ were also synthesized. Zinc catalysts on the other hand are known to be less active than lanthanides complexes, but they allow the presence of many functional groups.

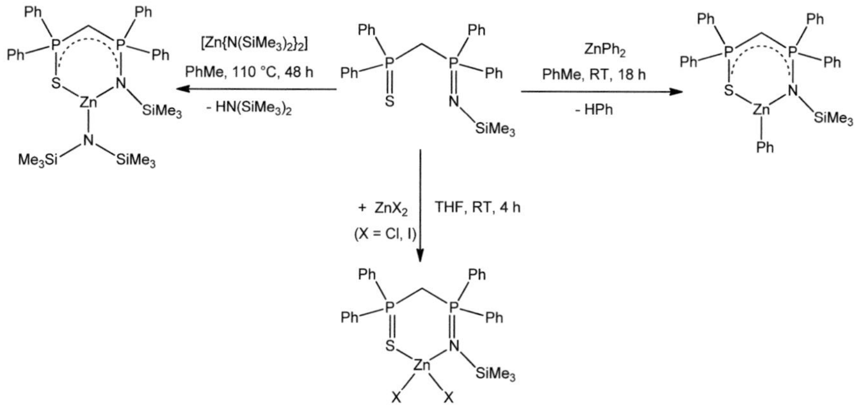

Figure II: Synthesis of zinc organyls of iminophosphoranyl-thiophosphoranyl-methane.

Besides the zinc halides $[\{(PPh_2{=}NSiMe_3)(PPh_2{=}S)CH_2\}ZnX_2]$ (X = Cl, I) the zinc complexes $[\{(PPh_2{=}NSiMe_3)(PPh_2{=}S)CH\}Zn\{N(SiMe_3)_2\}]$ and $[\{(PPh_2{=}NSiMe_3)(PPh_2{=}S)CH\}ZnPh]$ were prepared (figure II). The latter one has been studied for catalytic hydroamination reactions. Compounds $[\{(PPh_2{=}NSiMe_3)\text{-}(PPh_2{=}S)CH_2\}ZnX_2]$ (X = Cl, I) were formed by the reaction of neutral ligand $[CH_2(PPh_2{=}NSiMe_3)(PPh_2{=}S)]$ and ZnX_2. Compounds $[\{(PPh_2{=}NSiMe_3)(PPh_2{=}S)CH\}Zn\{N(SiMe_3)_2\}]$ and $[\{(PPh_2{=}NSiMe_3)(PPh_2{=}S)CH\}ZnPh]$ were obtained by the metallation of $[CH_2(PPh_2{=}NSiMe_3)(PPh_2{=}S)]$ with $[Zn\{N(SiMe_3)_2\}_2]$ and $ZnPh_2$.

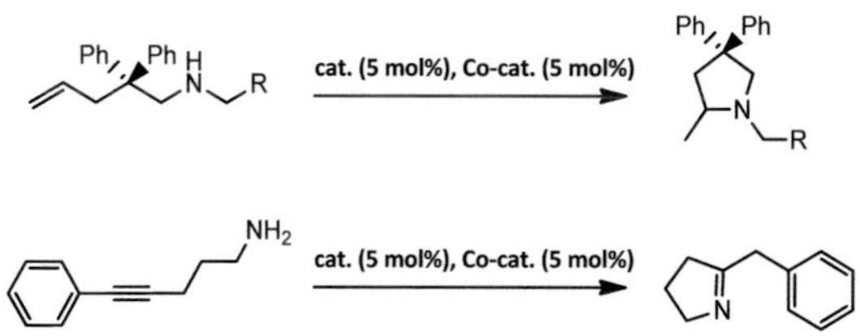

Figure III: $[\{(PPh_2{=}NSiMe_3)(PPh_2{=}S)CH\}ZnPh]$-catalyzed hydroamination of aminoalkenes and an aminoalkyl.

Since some of the known active catalysts have contained a phenyl group as the leaving group, [{(PPh$_2$=NSiMe$_3$)(PPh$_2$=S)CH}ZnPh] was investigated towards the activity as a hydroamination catalyst in cooperation with Larissa Hartenstein (figure III). The analysis of the obtained data showed an almost quantitative conversion of the substrate.

In collaboration with Dr. Sophie M. Guillaume at the University of Rennes 1, we investigated the catalytic activity of alkali borohydride complexes [EA(BH$_4$)$_2$(thf)$_2$], [Cp*Sr(BH$_4$)(thf)$_2$]$_2$ and [{Me$_3$SiNPPh$_2$)$_2$CH}EA(BH$_4$)(thf)$_2$] (EA = Ca, Sr). The complexes have shown catalytic activity on the initiation of the polymerization of ε-caprolactone. The theoretically and experimentally determined molar mass values of formed polymers are compatible. In cooperation with Prof. Dr. Laurent Maron, we determined the mechanism of polymerization with the help of quantum chemical calculations.

6 Literatur

[1] A. F. Hollemann, N. Wiberg, E. Wiberg, *Lehrbuch der Anorganischen Chemie, Vol. 102*, Walter de Gruyter & Co., Berlin, **2007**.

[2] a) F. A. W. Cotton, G., *Advanced Inorganic Chemistry, Vol. 5*, John Wiley & Sons, INC. USA, **1988**; b) S. R. Christiane, *Chem. unserer Zeit* **2001**, *35*, 110; c) J. Falbe, R. M., *Römpp Lexikon Chemie, Vol. 6*, Thieme, Stuttgart/New York, **1996-1999**.

[3] E. Riedel, *Anorganische Chemie, Vol. 5*, Walter de Gruyter, **2002**.

[4] a) R. E. Watson, L. H. Bennett, A. J. Freeman, *Phys. Rev.* **1969**, *179*, 590; b) S. Cotton, *Lanthanide and Actinide Chemistry*, Wiley, **2006**.

[5] M. Seth, M. Dolg, P. Fulde, P. Schwerdtfeger, *J. Am. Chem. Soc.* **1995**, *117*, 6597.

[6] W. J. Evans, *Inorg. Chem.* **2007**, *46*, 3435.

[7] G. Wilkinson, J. M. Birmingham, *J. Am. Chem. Soc.* **1954**, *76*, 6210.

[8] a) S. M. Guillaume, P. Brignou, N. Susperregui, L. Maron, M. Kuzdrowska, P. W. Roesky, *Polym. Chem.* **2011**, *2*, 1728; b) Z. Hou, Y. Wakatsuki, *Coord. Chem. Rev.* **2002**, *231*, 1; c) J. Gromada, J.-F. Carpentier, A. Mortreux, *Coord. Chem. Rev.* **2004**, *248*, 397.

[9] a) P. Benndorf, J. Jenter, L. Zielke, P. W. Roesky, *Chem. Commun.* **2011**, *47*, 2574; b) A. L. Reznichenko, K. C. Hultzsch, *Struct. Bonding* **210**, *137*, 1; c) T. E. Müller, K. C. Hultzsch, M. Yus, F. Foubelo, M. Tada, *Chem. Rev.* **2008**, *108*, 3795; d) S. Hong, T. J. Marks, *Acc. Chem. Res.* **2004**, *37*, 673; e) P. W. Roesky, T. E. Müller, *Angew. Chem.* **2003**, *115*, 2812; f) F. Pohlki, S. Doye, *Chem. Soc. Rev.* **2003**, *32*, 104.

[10] E. A. Bijpost, R. Duchateau, J. H. Teuben, *J. Mol. Catal.* **1995**, *95*, 121.

[11] a) M. Rastätter, A. Zulys, P. W. Roesky, *Chem. Eur. J.* **2007**, *13*, 3606; b) P.-F. Fu, L. Brard, Y. Li, T. J. Marks, *J. Am. Chem. Soc.* **1995**, *117*, 7157; c) B. Marciniec, H. Maciejewski, C. Pietraszuk, P. Pawluc, *Hydrosilylation. A Comprehensive Review on Recent Advances*, Springer, London, **2009**.

[12] N. Meyer, P. W. Roesky, *Dalton Trans.* **2007**, 2652.

[13] F. A. Cotton, G. Wilkinson, *Anorganische Chemie: eine zusammenfassende Darstellung für Fortgeschrittene, Vol. 4*, Verlag Chemie, Weinheim, **1982**.

[14] C. Elschenbroich, *Organometallchemie, Vol. 6*, B. G. Teubner Verlag, Wiesbaden, **2008**.

[15] G. Parkin, *Chem. Rev.* **2004**, *104*, 699.

[16] H. Vahrenkamp, *Dalton Trans.* **2007**, 4751.

[17] a) M. Melnik, K. Györyová, J. Skorsepa, C. E. Holloway, *J. Coord. Chem.* **1995**, *35*; b) S. J. Archibald, *Comprehensive Coordination Chemistry II*, Pergamon, Oxford, **2003**; c) E. Frankland, *Liebigs Ann. Chem.* **1849**, *71*.

[18] S. Cai, D. M. Hoffman, D. A. Wierda, *Organometallics* **1996**, *15*, 1023.

[19] S. Inoue, H. Koinuma, T. Tsuruta, *Macromolecules* **1995**, *28*.

[20] a) M. Cheng, E. B. Lobkovsky, G. W. Coates, *J. Am. Chem. Soc.* **1998**, *120*, 11018; b) B. M. Chamberlain, M. Cheng, D. R. Moore, T. M. Ovitt, E. B. Lobkovsky, G. W. Coates, *J. Am. Chem. Soc.* **2001**, *123*, 3229; c) M. Cheng, D. R. Moore, J. J. Reczek, B. M. Chamberlain, E. B. Lobkovsky, *J. Am. Chem. Soc.* **2001**, *123*, 8738.

[21] J. Jenter, A. Lühl, P. W. Roesky, S. Blechert, *J. Organomet. Chem.* **2011**, *696*, 406.

[22] A. Zulys, M. Dochnahl, D. Hollmann, K. Löhnwitz, J.-S. Herrmann, P. W. Roesky, *Angew. Chem.* **2005**, *44*, 7794.

[23] a) A. Lühl, H. Pada Nayek, S. Blechert, P. W. Roesky, *Chem. Commun.* **2011**, *47*, 8280; b) I. Resa, E. Carmona, E. Gutierrez-Peubla, A. Monge, *Science* **2004**, *305*, 1136.

[24] a) H. H. Karsch, *Z. Naturforsch., B: Anorg. Chem., Org. Chem.* **1979**, *34B*, 1171; b) H. H. Karsch, A. Appelt, *Phosphorus, Sulfur Silicon Relat. Elem.* **1983**, *18*, 287; c) H. H. Karsch, G. Ferazin, O. Steigelmann, H. Kooijman, W. Hiller, *Angew. Chem.* **1993**, *105*, 1814 ; d) S. A. Ahmed, M. S. Hill, P. B. Hitchcock, *Organometallics* **2006**, *25*, 394; e) T. Cantat, N. Mezailles, A. Auffrant, F. P. Le, *Dalton Trans.* **2008**, 1957; f) M. Blug, H. Heuclin, T. Cantat, G. X.-F. Le, N. Mezailles, F. P. Le, *Organometallics* **2009**, *28*, 1969; g) T. K. Panda, P. W. Roesky, *Chem. Soc. Rev.* **2009**, *38*.

[25] a) A. Kasani, R. McDonald, R. G. Cavell *Chem. Commun.* **1999**, 1993; b) A. Kasani, R. McDonald, M. Ferguson, R. G. Cavell *Organometallics* **1999**, *18*, 4241; c) R. P. Kamalesh Babu, R. McDonald, R. G. Cavell *Organometallics* **2000**, *19*, 3462; d) R. G. Cavell , R. P. Kamalesh Babu, A. Kasani, R. McDonald, *J. Am. Chem. Soc.* **1999**, *121*, 5805.

[26] a) M. T. Gamer, S. Dehnen, P. W. Roesky, *Organometallics* **2001**, *20*, 4230; b) M. T. Gamer, P. W. Roesky, M. Rastätter, A. Steffens, M. Glanz, *Chem. Eur. J.* **2005**, *11*,

3165; c) J. Jenter, P. W. Roesky, N. Ajellal, S. M. Guillaume, N. Susperregui, L. Maron, *Chem. Eur. J.* **2010**, *16*, 4629; d) M. Visseaux, F. Bonnet, *Coord. Chem. Rev.* **2011**, *255*, 374.

[27] M. T. Gamer, P. W. Roesky, *Z. Anorg. Allg. Chem.* **2001**, *627*.

[28] T. Cantat, N. Mézailles, L. Ricard, Y. Jean, P. Le Floch, *Angewandte Chemie, International Edition* **2004**, *24*, 6382.

[29] a) C. G. Pernin, J. A. Ibers, *Inorg. Chem.* **1999**, *38*, 5478; b) C. G. Pernin, J. A. Ibers, *Inorg. Chem.* **2000**, *39*, 1222; c) A. J. Gaunt, S. D. Reilly, A. E. Enriquez, B. L. Scott, J. A. Ibers, P. Sekar, K. I. M. Ingram, N. Kaltsoyannis, M. P. Neu, *Inorg. Chem.* **2008**, *47*, 29.

[30] a) L. Boubekeur, L. Ricard, N. Mézailles, P. Le Floch, *Organometallics* **2005**, *24*, 1065; b) A. Buchard, B. Komly, A. Auffrant, X. F. Le Goff, P. Le Floch, *Organometallics* **2008**, *27*, 4380; c) L. Boubekeur, S. Ulmer, L. Ricard, N. Mézailles, P. Le Floch, *Organometallics* **2006**, *25*, 315.

[31] J.-H. Chen, J. Guo, Y. Li, C.-W. So, *Organometallics* **2009**, *28*, 4617.

[32] a) J. Guo, J.-S. Lee, M.-C. Foo, K.-C. Lau, H.-W. Xi, K. H. Lim, C.-W. So, *Organometallics* **2010** *29*, 939; b) J. Guo, K.-C. Lau, H.-W. Xi, K. H. Lim, C.-W. So, *Chem. Commun.* **2010**, *46*, 1929.

[33] a) M. Vert, *Biomacromolecules* **2005**, *6*, 538; b) L. S. Nair, C. T. Laurencin, *Prog. Polym. Sci.* **2007**, *32*, 762; c) K. Sudesh, H. Abe, Y. Doi, *Prog. Polym. Sci.* **2000**, *25*, 1503; d) Y. Ikada, H. Tsuji, *Macromol. Rapid Commun.* **2000**; e) A.-C. Albertson, I. K. Varma, *Biomacromolecules* **2003**, *4*, 1466; f) K. M. Stridsberg, M. Ryner, A.-C. Albertson, *Adv. Polym. Sci.* **2002**, *157*, 42; g) A.-C. Albertson, I. K. Varma, *Biomacromolecules* **2002**, *3*, 1; h) G. Rokicki, *Prog. Polym. Sci.* **2000**, *25*, 259; i) A. P. Dove, *Chem. Commun.* **2008**, 6446.

[34] a) M. Helau, O. Miserque, J.-M. Brusson, J.-F. Carpentier, S. M. Guillaume, *Chem. Eur. J.* **2008**, *14*, 8772; b) M. Helau, O. Miserque, J.-M. Brusson, J.-F. Carpentier, S. M. Guillaume, *Adv. Synth. Catal.* **2009**, *351*, 1312; c) L. R. Rieth, D. R. Moore, E. Lobkovsky, G. W. Coates, *J. Am. Chem. Soc.* **2002**, *124*, 15239.

[35] a) H. Yasuda, *J.Organomet. Chem.* **2002**, *647*, 128; b) H. Yasuda, *Prog. Polym. Sci.* **2000**, *25*, 573; c) S. Agarwal, C. Mast, K. Denicke, A. Greiner, *Macromol. Rapid Commun.* **2000**, *21*, 195; d) B. J. O`Keefe, M. A. Hillmyer, W. B. Tolman, *J. Chem. Soc. Dalton Trans.* **2001**, 2215; e) W. Kuran, *Prog. Polym. Sci.* **1998**, *23*, 919.

[36] a) U. MIrsaidov, G. N. Boiko, A. Kurbonbekov, A. Rakhimova, *Dokl. Akad. Nauk Tadzh. SSR* **1986**, *28*, 219; b) U. MIrsaidov, A. Kurbonbekov, *Dokl. Akad. Nauk Tadz. SSR* **1985**, *28*, 219; c) U. MIrsaidov, I. B. Shaimuradov, M. Khikmatov, *Zh. Neorg. Khim.* **1986**, *31*, 1321.

[37] S. Marks, P. W. Roesky, *unveröffentliche Ergebnisse*.

[38] F. Jaroschik, F. Bonnet, X. F. Le Goff, L. Ricard, F. Nief, M. Visseaux, *Dalton Trans.* **2010**, *39*, 6761.

[39] a) J.-J. Brunet, D. Neibecker, *Catalytic Heterofunctionalization*, Wiley-VCH Verlag GmbH, **2001**; b) T. E. Müller, K. C. Hultzsch, M. Yus, F. Foubelo, M. Tada, *Chem. Rev.* **2008**, *108*, 3795.

[40] I. Ailland, J. Collin, J. Hannedouche, E. Schulz, *Dalton Trans.* **2007**, 5105.

[41] S. Hong, A. M. Kawakooka, T. J. Marks, *J. Am. Chem. Soc.* **2003**, *125*, 15878.

[42] F. T. Edelmann, *Chem. Soc. Rev.* **2009**, *38*, 2253.

[43] N. Meyer, A. Zulys, P. W. Roesky, *Organometallics* **2006**, *25*, 4179.

[44] F. Lauterwasser, P. G. Hayes, S. Bräse, W. E. Piers, L. L. Schafer, *Organometallics* **2004**, *23*, 2234.

[45] M. Rastätter, A. Zulys, P. W. Roesky, *Chem. Commun.* **2006**, 874.

[46] A. Mukherjee, T. K. Sen, P. K. Ghorai, P. P. Samual, C. Schulzke, S. K. Mandal, *Chem. Eur. J.* **2012**, *18*, 10530.

[47] R. Anwander, *Top. Curr. Chem.* **1996**, *179*, 33.

[48] K. Löhnwitz, A. Lühl, M. J. Molski, P. W. Roesky, M. Dochnahl, S. Blechert, *Eur. J. Inorg. Chem.* **2009**, 1369.

[49] a) G. A. Carriedo, F. J. G. Alonso, P. A. Gonzalez, J. R. Menéndez, *J. Raman Spectrosc.* **1998**, *29*, 327; b) J. Hahn, T. Nataniel, *Z. Anorg. Allg. Chem.* **1986**, *543*, 7.

[50] M. Hesse, H. Meier, B. Zeeh, *Spektroskopische Methoden in der organischen Chemie*, Thieme, Stuttgart/New York, **1995**.

[51] a) F. Tuna, C. A. Smith, M. Bodensteiner, L. Ungur, L. F. Chibotaru, E. J. L. McInnes, R. E. P. Winpenny, D. Collison, R. A. Layfield, *Angew. Chem.* **2012**, *51*, 6976; b) J. D. Rinehart, M. Fang, W. J. Evans, J. R. Long, *J. Am. Chem. Soc.* **2011**, *133*, 14236; c) J. D. Rinehart, M. Fang, W. J. Evans, J. R. Long, *Nat. Chem.* **2011**, *3*, 538.

[52] M. R. Bürgstein, H. Berberich, P. W. Roesky, *Chem. Eur. J.* **2001**, *7*, 3078.

[53] a) Y. K. Kim, T. Livinghouse, Y. Horino, *J. Am. Chem. Soc.* **2003**, *125*, 9560; b) K. C. Hultzsch, T. Wagner, *Organometallics* **2004**, *23*, 2601.

[54] M. G. Kimpel, H. W. Görlitzer, M. Tafipolsky, M. Spiegler, R. Anwander, *J. Organomet. Chem.* **2002**, *647*, 236.

[55] J. Eppinger, M. Spiegler, W. Hieringer, W. A. Herrmann, R. Anwander, *J. Am. Chem. Soc.* **2000**, *122*, 3080.

[56] R. Anwander, O. Runte, J. Eppinger, G. Gerstberger, E. Herdtweck, M. Spiegler, *J. Chem. Soc., Dalton Trans.* **1998**, 847.

[57] Y. K. Kim, T. Livinghouse, J. E. Bercaw, *Tetrahedron Lett.* **2001**, *42*, 2933.

[58] S. Marks, T. K. Panda, P. W. Roesky, *Dalton Trans.* **2010**, *39*, 7230.

[59] A. L. Spek, *Appl. Crystallogr.* **2003**, *36*, 7.

[60] T. K. Panda, *Dissertation*, Freie Universität Berlin, **2005**.

[61] C. M. Ong, P. McKarns, D. W. Stephan, *Organometallics* **1999**, *18*, 4197.

[62] a) A. Kasani, R. McDonald, R. G. Cavell *Organometallics* **1999**, *18*, 3775; b) M. S. Hill, P. B. Hitchcock, *Dalton Trans.* **2002**, 4694.

[63] S. Marks, *Dissertation*, Karlsruhe Institut für Technologie, **2010**.

[64] K. Löhnwitz, *Dissertation*, Freie Universität zu Berlin, **2008**.

[65] a) M. S. Hill, *Annu. Rep. Prog. Chem. Set. A: Inorg. Chem.* **2011**, *107*, 43; b) A. Torvisco, K. Ruhlandt-Senge, *Inorg. Chem.* **2011**, 12223; c) A. Torvisco, A. Y. O`Brien, K. Ruhlandt-Senge, *Coord. Chem. Rev.* **2011**, *255*, 1268.

[66] a) S. Harder, *Chem. Rev.* **2010**, *110*, 3852; b) M. Westerhausen, *Coord. Chem. Rev.* **2008**, *252*, 1516; c) P. Jochmann, T. S. Dols, T. P. Spaniol, L. Perrin, L. Maron, J. Okuda, *Angew. Chem.* **2009**, *48*, 5715.

[67] a) M. Westerhausen, *Z. Anorg. Allg. Chem.* **2009**, *635*, 13; b) S. Harder, *Angew. Chem.* **2004**, *43*, 2714.

[68] a) C. Lichtenberg, P. Jochmann, T. P. Spaniol, J. Okuda, *Angew. Chem.* **2011**, *50*, 5753; b) G. B. Deacon, P. C. Junk, G. J. Moxey, K. Ruhlandt-Senge, P. C. St.;, M. F. Zungia, *Chem. Eur. J.* **2009**, *15*, 5503; c) P. Jochmann, T. S. Dols, T. P. Spaniol, L. Perrin, L. Maron, J. Okuda, *Angew. Chem.* **2010**, *49*, 7795; d) S. Harder, J. Spielmann, J. Intemann, H. Bandmann, *Angew. Chem.* **2011**, *50*, 4156; e) A. G. M. Barrett, M. R. Crimmin, M. S. Hill, P. B. Hitchcock, P. A. Procopiou, *Angew. Chem.* **2007**, *46*, 6339; f) S. Krieck, H. Görls, M. Westerhausen, *J. Am. Chem. Soc.* **2010**, *132*, 12492; g) A. G. M.

Barrett, C. Brinkmann, M. R. Crimmin, M. S. Hill, P. Hunt, P. A. Procopiou, *J. Am. Chem. Soc.* **2009**, *131*, 12906; h) M. R. Crimmin, I. J. Casely, M. S. Hill, *J. Am. Chem. Soc.* **2005**, *127*, 2042.

[69] a) M. M. Labet, W. Thielemans, *Chem. Soc. Rev.* **2009**, *38*, 3484; b) A. Arbaoui, C. Redshaw, *Polym. Chem.* **2010**, *1*, 801.

[70] a) Z. Tang, X. Chen, Q. Liang, X. Bian, L. Yang, L. Piao, X. Jing, *Polym. Sci., Part A: Polym. Chem.* **2003**, *41*, 1934; b) Y. Sarazin, B. Liu, T. Roisel, L. Maron, J.-F. Carpentier, *Chem. Soc.* **2011**, *133*, 9069; c) Y. Sarazin, D. Rosca, V. Poirier, T. Roisel, A. Silvestru, L. Maron, J.-F. Carpentier, *Organometallics* **2010**, *29*, 6569.

[71] J.-P. Blaudeau, M. P. McGrath, L. A. Curtiss, L. Radom, *J. Chem. Phys.* **1997**, *107*, 5016.

[72] a) M. G. Cushion, P. Mountford, *Chem. Commun.* **2011**, *47*, 2276; b) J.-H. Kim, S.-A. Jin, J.-H. Shim, Y. W. Cho, *Scr. Mater.* **2008**, *58*, 481.

[73] M. Bremer, H. Nöth, M. Thomann, M. Schmidt, *Chem. Ber.* **1995**, *128*, 455.

[74] T. K. Panda, A. Zulys, M. T. Gamer, P. W. Roesky, *J. Organomet. Chem.* **2005**, *690*, 5078.

[75] a) V. D. Makhaev, *Russ. Chem. Rev.* **2000**, *69*, 727; b) M. Ephritikhine, *Chem. Rev.* **1997**, *97*, 2193; c) S. M. Guillaume, M. Schappacher, A. Soum, *Macromolecules* **2003**, *36*, 54; d) I. Palard, M. Schappacher, A. Soum, S. M. Guillaume, *Polym. Int.* **2006**, *55*, 1132; e) I. Palard, A. Soum, S. M. Guillaume, *Macromolecules* **2005**, *38*, 6888; f) N. Barros, P. Mountford, S. M. Guillaume, L. Maron, *Chem. Eur. J.* **2008**, *14*, 5507.

[76] S. M. Cendrowski-Guillaume, M. Nierlich, M. Lance, M. Ephritikhine, *Organometallics* **1998**, *17*, 786.

[77] a) J. Ihanus, T. Hänninen, T. Hatanpää, A. T., I. Multikainen, T. Sajavaara, J. Keinonen, M. Ritala, M. Leskelä, *Chem. Mater.* **2002**, *14*, 1937; b) M. Wiecko, P. W. Roesky, P. Nava, R. Ahlrichs, S. N. Konchenko, *Chem. Commun.* **2007**, 927.

[78] S. M. Guillaume, M. Schappacher, A. Soum, *Macromolecules* **2003**, *36*, 54.

[79] S. Marks, M. Kuzdrowska, P. W. Roesky, L. Annunziata, S. M. Guillaume, L. Maron, *ChemPlusChem* **2012**, *1*, 350.

[80] M. D. Taylor, C. P. Carter, *J. Inorg. Nucl. Chem.* **1962**, *24*, 387.

[81] J. Eppinger, E. Herdtweck, R. Anwander, *Polyhedron* **1998**, *17*, 1195.

[82] D.-Y. Lee, J. F. Hartwig, *Org. Lett.* **2005**, *7*, 1169.

[83] G. M. Sheldrick, *SHELXS-97, Program for Crystal Structure Solution*, Universität Göttingen, **1997**.

[84] G. M. Sheldrick, *SHELXL-97, Program for Crystal Structure Refinement*, Universität Göttingen, **1997**.

[85] L. J. Farrugia, *J. Appl. Cryst.* **1999**, *32*, 837.

[86] *X-Step32 Version 1.07b*, Stoe & Cie GmbH, Darmstadt, **2000**.

[87] O. Dolomanov, L. Bourhis, R. Gildea, J. Howard, H. Puschmann, *J. Appl. Cryst.* **2009**, *42*, 339.

[88] K. Brandenburg, *Diamond3.2g, Visual Crystal Structure Information System, Crystal Impact GbR*, Bonn, **2009**.

7 Anhang

7.1 Verwendete Abkürzungen

br	verbreitertes Signal
CL	Caprolacton
Cp	Cyclopentadienyl
Cp^*	Pentamethylcyclopentadienyl
d	Dublett
dd	Dublett von Dublett
EA	Erdalkalimetall
h	Stunde
Hz	Hertz
i-	Iso
IR	Infrarotspektroskopie
J	Kopplungskonstante
Ln	Lanthanoid/ Seltenerdmetalle
m (NMR)	Multiplett
m (IR)	mittelstark
Me	Methyl
min	Minuten
NMR	kernmagnetische Resonanz
PCL	Poly-ε-Caprolacton
Ph	Phenyl
R	organischer Rest
RT	Raumtemperatur

s (NMR)	Singulett
s (IR)	stark (strong)
SEC	size exclusion chromatography
t	Triplett
THF	Tetrahydrofuran
vs	sehr stark (very strong)
w	schwach (weak)
X	Halogenide

7.2 Lebenslauf

Name:	Magdalena Kuzdrowska
Geburtsdatum:	22.02.1984
Geburtsort:	Oppeln (Opole), Polen
Familienstand:	ledig

Schulbildung:

1990 – 1996	Christian Morgenstern Grundschule, Berlin
1996 – 2003	Lily Braun Gymnasium, Berlin
06/2003	Schulabschluss: Abitur

Studium:

2003 – 2008	Chemiestudium, Freie Universität Berlin
03/2006 – 04/2006	Bachelorarbeit im Arbeitskreis von Prof. Dr. Jens Beckmann, Thema: *"Funktionsanalysierte para-Phenyldiisopropylsilanol. Vielseitige Bausteine für die Supramolekulare Chemie? "*
09/2006	Abschluss: Bachelor of Science in Chemistry
03/2008 – 10/2008	Masterarbeit im Arbeitskreis von Prof. Dr. Jens Beckmann, Thema: ,, *Versuchte Synthese metallorganischer P-, Te-Verbindungen mit dem 1,4-Dilithium-1,1,4,4-tetrakis(trimethylsilyl)butan-Liganden*".
10/2008	Abschluss: Master of Science in Chemistry
seit 11/2008	Beginn der Promotion am Institut für Anorganische Chemie des Karlsruher Instituts für Technologie (KIT) unter Anleitung von

	Prof. Dr. Peter W. Roesky. Tätigkeit als Assistentin im anorganisch-chemischen Praktikum
03/2011 – 06/2011	Forschungsaufenthalt in der Arbeitsgruppe von Prof. Dr. Jean-François Carpentier und Dr. Sophie Guillaume im Laboratoire Catalyse et Organométalliques an der Université de Rennes 1, Frankreich.

Stipendien:

seit 10/2010	Mitglied des Helmholtz-Kollegs der Energierelevanten Katalyse
03/2011 – 06/2011	Auslandsstipendium des Karlsruhe House of Young Scientists (KHYS)

7.3 Posterpräsentationen

1. M. Kuzdrowska, P.W. Roesky, S. M. Guillaume, P. Brignou, N. Susperregui, L. Maron

   Bis(phosphinimino)methanide borohydride complexes of the rare-earth elements as initiators for the polymerization of methyl methacrylate: combined experimental and computational investigations.

   XXIV. Tage der Seltenen Erden, Karlsruhe, **2011**.

2. M. Kuzdrowska, J. Kratsch, P. W. Roesky S. M. Guillaume, P. Brignou, N. Susperregui, L. Maron

   Bis(phosphinimino)methanide Borohydride Complexes of the Rare-Earth Elements as Initiators for the Ring-Opening Polymerization of Trimethylene Carbonate: Combined Experimental and Computational Investigations.

   European f-Element Chemistry (EUFEN 1), Tarragona, **2012**.

7.4 Publikationen

1. N. Meyer, M. Kuzdrowska, P. W. Roesky

   (2,5-Bis{[2,6-diisopropylphenyl)imino]methyl}pyrrolyl]yttrium and -lutetium Complexes – Synthesis and Structures.

   Eur. J. Inorg. Chem. **2008**, 1475.

2. B. Revel, L. Delevoye, G. Tricot, M. Raststätter, M. Kuzdrowska, P. W. Roesky, R. Gauvin

   A Well-Defined Silica-Supported Lanthanum Bis(phosphinimino)methanide.

   Eur. J. Inorg. Chem. **2011**, 1366.

3. S. M. Guillaume, P. Brignou, N. Susperregui, L. Maron, M. Kuzdrowska, P.W. Roesky

   Bis(phosphinimino)methanide borohydride complexes of the rare-earth elements as initiators for the polymerization of methyl methacrylate: combined experimental and computational investigations.

   Polym. Chem. **2011**, 2, 1728.

4. H. P. Nayek, N. Arleth, I. Trapp, M. Löble, P. Oña-Burgos, M. Kuzdrowska, Y. Lan, A. K. Powell, F. Breher, P. W. Roesky

   Sodium and Potassium Salts of Mono- and Dianionic α-Iminopyridines

   Chem. Eur. J. **2011**, 17, 10814.

5. S. M. Guillaume, P. Brignou, N. Susperregui, L. Maron, M. Kuzdrowska, J. Kratsch, P. W. Roesky

   Bis(phosphinimino)methanide Borohydride Complexes of the Rare-Earth Elements as Initiators for the Ring-Opening Polymerization of Trimethylene Carbonate: Combined Experimental and Computational Investigations

   Polymer. Chem. **2012**, 3, 429.

6. S. Marks, M. Kuzdrowska, P. W. Roesky, S. M. Guillaume, L. Annunziata, L. Maron

Organometallic Strontium Borhydrides: Synthesis, X-ray Strutures, Catalytic Polimerization of ε-Caprolactone, and Density Functional Calculations.

ChemPlusChem **2012**, 1, 350.

7. J. Kratsch, M. Kuzdrowska, M. Schmid, N. Kazeminejad, C. Kaub, P. Oña-Burgos, S. M. Guillaume, P.W. Roesky

Chiral Rare Earth Borohydride Complexes Supported by Amidinate Ligands: Synthesis, Structure, and Catalytic Activity in the Ring-Opening Polymerization of rac-Lactide.

Organometallics **2013**, 32, 1230.

8. B. Murugesapandian, M. Kuzdrowska, M. T. Gamer, L. Hartenstein, P. W. Roesky

(Iminophosphoranyl)(thiophosphoranyl)methanide $\{CH(PPh_2NSiMe_3)(Ph_2PS)\}^-$ *as a Ligand in Rare-Earth-Element Chemistry.*

Organometallics **2013**, 32, 1500.

9. M. Kuzdrowska, L. Annunziata, S. Marks, M. Schmid, C. G. Jaffredo, P. W. Roesky, S. M. Guillaume, L. Maron

Organometallic calcium and strontium borohydrides as initiators for the polymerization of ε-caprolactone and L-lactide: combined experimental and computational investigations.

Dalton Trans. **2013**, 42, 9352.

10. M. Kuzdrowska, B. Murugesapandian, L. Hartenstein, M. T. Gamer, N. Arleth, S. Blechert, P. W. Roesky

$\{CH_2(PPh_2{=}NSiMe_3)(PPh_2{=}S)\}$ *and* $\{CH(PPh_2{=}NSiMe_3)(Ph_2P{=}S)\}^-$ *as Ligands in Zinc Chemistry: Synthesis and Structures.*

Eur. J. Inorg. Chem. **2013**, angenommen.

Danksagung

Mein ganz besonderer Dank gilt Herrn Professor Dr. Peter W. Roesky für die Aufnahme in seinen Arbeitskreis, die interessante Aufgabenstellung und seine hervorragende Betreuung während meiner Arbeit.

Herrn Professor Dr. Christopher Barner-Kowollik danke ich für die bereitwillige Übernahme des Zweitgutachtens.

Für das Korrekturlesen dieser Arbeit und die hilfreichen Anregungen bedanke ich mich ganz herzlich bei Dr. Sebastian Marks und Jochen Kratsch.

Frau Dr. Sophie Guillaume, Herrn Professor Dr. Jean-François Carpentier und seiner Arbeitsgruppe danke ich für die außerordentlich gute wissenschaftliche Kooperation und die Aufnahme in ihre Arbeitsgruppe während meines Forschungsaufenthaltes in Frankreich an der Université Rennes I.

Dem KHYS (Karlsruhe House of Young Scientists) danke ich für die Finanzierung meines dreimonatigen Forschungsaufenthaltes an der Université Rennes I.

Dem Helmholtz-Kolleg der Energierelevanten Katalyse danke ich für die finanzielle Unterstützung und interessanten Workshops.

Den Mitarbeitern Sibylle Schneider, Larissa Hartenstein, Petra Smie, Dr. Michael Gamer, Monika Kayas, Angela Pendl, Helge Berberich, Gabriele Leichle, Herrn Müller, Herrn Munshi und Herrn Rieß danke ich für ihre Hilfsbereitschaft und die freundliche Mitarbeit.

Insbesondere danke ich Franziska Völcker und Murugespanadian Balasubramanian für die tolle Laboratmosphäre und sehr gute Zusammenarbeit. Allen aktuellen und ehemaligen Kollegen der Arbeitsgruppe Roesky möchte ich für das angenehme Arbeitsklima danken, besonderer Dank gilt an dieser Stelle meiner ehemaligen Arbeitskollegin Dr. Jelena Wiecko, sowie Dr. Sebastian Marks und Tomasz Kruczyński.

Ganz besonderer Dank gilt meinen Eltern, die es mir ermöglicht haben, an diesen Punkt zu gelangen. Dabei danke ich für all ihre liebevolle Unterstützung.